訴訟が
を変える

河合弘之
Kawai Hiroyuki

a pilot of wisdom

目次

第四章　司法の場で「脱原発」を勝ち取る　145

第五章　「脱原発」のためにできること　189

おわりに　213

構成／明石昇二郎
図版制作／クリエイティブメッセンジャー

はじめに

二〇一一年三月一一日、福島で原発事故が発生したことを知り、「やっぱり来たか」と思うと同時に、全身にスイッチが入るのを感じました。これを機に、絶対に日本の原発の全てを廃絶しなければならないと決意したのです。

私は一九七〇年に弁護士としての活動を始めました。当初は、経済事件を扱うことが多く、バブル期には数多くの大型案件を手がけました。そこにゲームのようなおもしろさを感じていましたが、それだけでは満たされない思いも感じていました。

そんな時、反原発運動との関わりが生まれ、一九九五年頃より原発訴訟に携わるようになりました。

司法は、原発の是非を問う場として機能し得るものです。原発事故前は連戦連敗だった法廷闘争も、事故が起こってからは、関西電力大飯《おおい》原発（福井県）の運転差し止め訴訟に続き、高浜原発（福井県）でも運転禁止仮処分を勝ち取ることができました。事故前には考えられなかった短期間での画期的判決です。

本書では、なぜこのような勝利を収めることができたのか、そして原発事故の罪を問い、日本から全ての原発をなくすための闘いの場としての原発訴訟についてお話ししたいと思います。

裁判に勝てば実際に原発を止めることができます。そういう意味では訴訟という手段は憲法が国民に与えてくれた実力装置なのです。政権が何と言おうと、御用メディアが何と言おうと、電力会社がどんなに抵抗しても、強制的に原発を止めることができるのです。ですから訴訟という手段を過小評価してはなりません。

しかし一方で、裁判だけでは日本から全ての原発をなくすことはできないとも考えています。一人でも多くの国民が、「もう原発はいらない」とはっきり意思を示すこと、世論を盛り上げていくことが何よりも大切です。裁判官も、「三・一一」を契機に変わりました。それは原発事故の影響を目の当たりにしたことに加え、国民の間で「脱原発」の声が高くなったことが大いに影響していると見ています。

ところが、あれから年月が経つにつれ、当初のような「脱原発」の雰囲気も薄れ、次第に「再稼働も仕方がないのではないか」といった論調も見られるようになりました。

今、改めて立ち上がらなければならないと感じています。

そこで二〇一四年冬、私は多くの人々に原発がどういうものかを知ってもらうために、映画『日本と原発』を監督・製作しました。なぜ弁護士が映画をつくったのか、その理由と製作経緯は本文の中で詳しくお話ししたいと思います。

そして、映画で視覚的に訴えるだけでなく、活字にして、この問題をじっくり考えていただくために、本書『原発訴訟が社会を変える』の刊行を決意しました。この本が、読者の方々にとって、深く考え、そして実際に行動を起こすための材料、つまり「脱原発」を闘うためのツールになればと願っています。

「日本から原発をなくすことはできないのではないか」と、諦《あきら》める必要は全くありません。その〝証拠〟を、これからお見せしたいと思います。

第一章　原発事故で「裁判所」が変わった

映画『日本と原発』より

四月一四日は「原発運転禁止」記念日

「高浜発電所三号機及び四号機の原子炉を運転してはならない――」

福井地方裁判所の三人の裁判官（樋口英明裁判長、原島麻由裁判官、三宅由子裁判官）は二〇一五年四月一四日、関西電力に対し、こんな素晴らしい仮処分命令を発令しました。

仮処分とは、正式な裁判の判決が確定するまでの間に差し迫った危険や損害が起き、申し立てた側の損害が回復不能となることを避けるために、裁判所が「仮の状態」を定める手続きのことを言います。裁判所の仮処分で原発の運転を禁止する決定は、これが全国で初めてのことです。この「四月一四日」という日は、日本の司法が原発の再稼働に初めてストップをかけた歴史的な記念日となりました。

関西電力が福井県高浜町に設置した高浜原発三、四号機は、二〇一五年の秋か冬にも再稼働すると見られていました。同原発は同年二月一二日、国の原子力規制委員会（原子力規制委）の審査をパスしていたからです。

しかし、福井地裁の「運転禁止」仮処分命令は、原子力規制委の審査結果より優先されます。さらには、発令された日（二〇一五年四月一四日）から直《ただ》ちに効力を発揮するため、高浜原発三、四号機はこの命令が取り消されない限り、再稼働することができなくなりました。

今回の仮処分申請は、高浜原発三、四号機は安全性に問題があるとして、地元の福井県をはじめ、大阪府や京都府、兵庫県等《など》に暮らす九人の市民が、再稼働の差し止めを求めたものです。本書の筆者である私（河合）は、弁護団の共同代表を務めていました。それではなぜ、私たちは仮処分申請を行ったのでしょうか。

それは、ひとたび原発の大事故が発生すれば、国民生活を根底から覆すからです。経済も文化も芸術も教育も司法も福祉も、倹《つま》しい生活も贅沢《ぜいたく》な暮らしも何もかも全てを、です。従って、原発の危険性に目を瞑《つむ》って行われる全ての営みは、いとも簡単に崩れ去る「砂上の楼閣」のようなものであり、無責任な行為でもあります。

そのことに、多くの国民は気が付いてしまいました。二〇一一年三月に発生し、四年が過ぎた今もなお収束の目途《めど》がつかない「東京電力福島第一原発事故」を経験したからに他なりません。

問題は、そこで自分がどういう行動を取るか――でしょう。

全国各地にある原発の地元では、福島第一原発事故以降、原発廃止に向けたさまざまな運動が繰り広げられています。また、電力の大消費地である東京や名古屋、大阪、福岡等でも、原発廃止に向けたさまざまな取り組みが、市民たちによって行われています。

そんな中、高浜原発の半径二五〇キロメートル圏内に暮らす九人の市民と、一一人の弁護士からなる私たち弁護団は、原発の運転禁止を求める仮処分申請をすることにしました。

そして福井地裁は、私たちの主張を全面的に認める決定を下したのです。その決定文を読むと、日本の原発が抱えている問題点を一つひとつ丁寧に炙《あぶ》り出し、同時にその解決策までを示した「日本の道標《みちしるべ》」とも言えるような内容でした。

そして最大の特長は、新規制基準は緩やかにすぎる、安全を保障しないので無効だと法的判断を下したことです。この法的判断は高浜原発にのみ当てはまることではないので、日本の全ての原発に適用されるべきことになります。文字通り、水平展開されるべき法的判断ということです。だから影響も極めて大きいのです。

以下、順を追って解説していきましょう。

原発の耐震設計において、原発を襲うと想定できる最大の地震動のことを「基準地震動」と言います。この基準地震動を適切に想定することは、原発の耐震安全性を確保する上での基礎です。言い換えれば、基準地震動を超えるような大地震が原発を見舞うことがあってはならないことになります。

しかし、全国一八ヵ所にある原発（高速増殖炉もんじゅを含む）のうち、東北電力女川《おながわ》原発（宮城県）、北陸電力志賀《しか》原発（石川県）、東京電力柏崎《かしわざき》・刈羽《かりわ》原発（新潟県）、東京電力福島第一原発の四つの原発で、想定されていた「基準地震動」を上回る地震が、二〇〇五年から二〇一一年までの七年間に五回も記録されています。想定外とされることが五回も発生すれば、それは「想定外」等と呼ぶべきではなく、もはや「普通のこと」です。つまり、電力会社や地震の専門家たちが「これが基準地震動」だとしていた想定のほうが、誤りだったことになります。

ちなみに、想定されていた「基準地震動」を上回る地震に見舞われたのは、次の五回です。

①二〇〇五年八月一六日の「宮城県沖地震」に襲われた東北電力の女川原発
②二〇〇七年三月二五日の「能登半島沖地震」に襲われた北陸電力の志賀原発
③二〇〇七年七月一六日の「新潟県中越沖地震」に襲われた東京電力の柏崎・刈羽原発
④二〇一一年三月一一日の「東北地方太平洋沖地震」（東日本大震災）に襲われた東京電力の福島第一原発
⑤二〇一一年三月一一日の「東北地方太平洋沖地震」（東日本大震災）に襲われた東北電力の女川原発（二〇〇五年に次いで二度目）

関西電力の高浜原発における「基準地震動」想定が、揃《そろ》って想定に失敗していた他の電力会社のやり方と特に変わらないのであれば、どうして関西電力の「基準地震動」想定だけが信頼に値すると言えるのか？　そう言える根拠は見当たらない——と、福井地裁は判断しました。

福井地裁は、私たちが証拠として提出した新聞記事にまで、丁寧に注目してくれました。「愛媛新聞」二〇一四年三月二九日付の記事です。

それは、活断層の状況から地震動の強さを推定する「強震動予測レシピ」を考案した、地震学者の入倉孝次郎教授（元・京都大学副学長、同大名誉教授）へのインタビュー記事でした。この中で入倉教授は、

「基準地震動は計算で出た一番大きい揺れの値のように思われることがあるが、そうではない」

「私は科学的な式を使って計算方法を提案してきたが、これは地震の平均像を求めるもの。平均からずれた地震はいくらでもあり、観測そのものが間違っていることもある」

とコメントしていました。そして高浜原発でも、この入倉氏考案の「強震動予測レシピ」（別名「入倉式」）を使って基準地震動を想定していたのです。つまり高浜原発も他の原発と同様、想定される基準地震動ではなく、地震の平均像を基《もと》に種々の計算によって導き出したものを「基準地震動」としていました。原子力規制委がそれでもいい、としたからです。

　福井地裁は、「基準地震動」を想定しないこうしたやり方に対して「合理性は見い出し難い」と判断しました。そして高浜原発の基準地震動は、他の電力会社が想定に失敗し続

けているという「実績」に加えて、「理論面でも信頼性を失っている」と判定し、高浜原発には「炉心損傷に至る危険が認められる」としたのでした。

関西圏壊滅の「最悪シナリオ」を回避せよ

加速度を表わす単位に「ガル」というものがあります。一ガルは、一秒ごとに一センチずつ加速することを意味し、原発の基準地震動でも、この単位が用いられます。

高浜原発の基準地震動は、七〇〇ガルだとされています。しかし、高浜原発が運転を開始した時の基準地震動は、三七〇ガルでした。

それが、二〇〇七年七月一六日の「新潟県中越沖地震」で、東京電力の柏崎・刈羽原発が基準地震動の四五〇ガルを大幅に上回る一六九九ガルもの揺れに見舞われて破壊され、長期間の運転停止に追い込まれたことを受け、高浜原発の基準地震動はいきなり五五〇ガルへと引き上げられました。さらには、福島第一原発事故の発生を受けて原子力規制委が新設され、原発の新規制基準が施行されたのを機に、今度は「七〇〇ガル」としたのです。

しかし関西電力は、もともと高浜原発は安全性に余裕を持たせて建造していたとの理由で、抜本的な耐震補強工事を行うことはありませんでした。看板だけ付け替えて中身を変えなかったのです。

これは「安全余裕」の「食いつぶし」です。インチキという他はありません。

こうした関西電力の姿勢に対して福井地裁は、

「基準地震動の数値だけを引き上げるという対応は社会的に許容できることではない」と猛烈に批判します。福井地裁が特に着目したのは、高浜原発の「使用済み核燃料プール」でした。

福島第一原発事故では、同原発四号機の使用済み核燃料プールに納められていた使用済み核燃料が危機的状況に陥ったことを受け、当時の原子力委員会委員長だった近藤駿介・東京大学名誉教授が、事故発生から二週間後の二〇一一年三月二五日に、「最悪シナリオ」(正式名称「福島第一原子力発電所の不測事態シナリオの素描」)をまとめていました。

近藤委員長が最終的に最も危惧《きぐ》していたのは、四号機の建屋が崩壊するのと同時に、同機の使用済み核燃料プールが崩落し、中にある使用済み核燃料があたりに散乱して、破壊されることでした。

この「最悪シナリオ」の「線量評価結果について」によれば、四号機のプール一つが崩落した場合、原発から半径五〇キロメートルの範囲にいる住民は直ちに避難する必要があると言います。それに伴い、事故収束作業がストップすれば、隣接する他の原発建屋でも使用済み核燃料プールの崩落が連鎖的に発生し、住民が強制移転する必要のある地域が、原発から一七〇キロメートル以遠の地域にまで拡大する可能性があると言うのです。

さらには、住民が放射能汚染による移転を希望した場合、国としてそれに応じるべきレベルの汚染に晒《さら》される地域は、東京都のほぼ全域をはじめ、横浜市の一部等、原発から二五〇キロメートル以遠にまで達する可能性があるだろう――というものでした。しかも、そうした汚染を自然に任せておけば、住民の避難は数十年もの間、続くと言うのです。

このように使用済み核燃料と使用済み核燃料プールには、我が国の存続にさえ影響を及ぼすほどの被害をもたらす危険が潜んでいます。にもかかわらず高浜原発の使用済み核燃料プールは、原子炉を覆う「格納容器」のような堅固な施設で閉じ込められてはいません。それでも原子力規制委は、その再稼働にGOサインを出していました。

こうした現状に対して福井地裁は、

「使用済み核燃料を閉じ込めておくための堅固な設備を設けるためには膨大な費用を要する」

との言い訳や、

「深刻な事故はめったに起きないだろう」

「基準地震動を超える地震が高浜原発には到来しない」

という楽観的な見通しによって見過ごされ、許され続けていることを批判しました。何よりも優先されるべきは「国民の安全」であるという見識に立つことだと、関西電力ばかりか原子力規制委の姿勢についても、福井地裁は真正面から糾《ただ》したのでした。

原子力規制委の「耐震設計上の重要度分類」では、堅固な耐震性を要求される設備の順に、「Sクラス」「Bクラス」「Cクラス」と分類されます。そして問題の、高浜原発の使用済み核燃料プールに備わっている冷却設備の耐震性は、上から二番目の「Bクラス」でもよいとしています。使用済み核燃料プールの給水設備のほうには「Sクラス」の耐震性を要求しているにもかかわらず、です。

福井地裁は、使用済み核燃料プールの冷却設備の耐震性をSクラスにして、それと同時に、使用済み核燃料を堅固な施設で囲い込まなければ、高浜原発の脆弱《ぜいじゃく》性は解消できないと断じました。福島第一原発事故という現実を踏まえ、何よりも優先されるべきは「国民の安全」であるという見識に立った判断です。

前掲の「最悪シナリオ」をそのまま高浜原発に当てはめれば、使用済み核燃料プールが崩落した先にあるのは「関西圏壊滅」です。それを回避するためにあるのが、原子力規制委による十分な安全審査のはずではないか――と、福井地裁は言うのでした。この考え方の根底にあるのは、一九九二年の最高裁判所判決です。

最高裁は、同年一〇月二九日の四国電力伊方《いかた》原発運転差し止め訴訟判決で、原発の安全規制の趣旨は、

「原子炉施設の周辺住民の生命、身体に重大な危害を及ぼす等の深刻な災害が万が一にも起こらないようにするため、原発設備の安全性につき十分な審査を行わせることにある」

としました。

そうなると、理に適《かな》った新規制基準とは、

「基準に適合した原発」＝「万が一にも深刻な災害を引き起こす恐れがないよう、万人が納得する対策が施されている原発」


というものでなければなりません。国民が期待しているのは、

「これで通るなら、さすがに安全だろう」

という、分かりやすい基準なのです。

その上で福井地裁は、

原子力規制委に適合したからといって高浜原発の安全性が確保されていることにはならない。なぜなら、高浜原発の安全性を論じる以前に、新規制基準のほうに問題があるからだ――。


と断じました。福井地裁の言葉をそのまま記せば、

「新規制基準は（中略）緩《ゆる》やかにすぎ――」

つまり、「国民の安全」を守るための基準として、現行の新規制基準は緩すぎるし、電力会社に甘すぎるというわけです。

原子力規制委に対する〝業務改善命令〟

原子力規制委に対する福井地裁の要求は、「使用済み核燃料プールの大改造」以外のところにも及びました。

①電力会社が基準地震動を策定（想定）するための基準を見直し、基準地震動を大幅に引き上げさせ、それに応じた根本的な耐震工事を、電力会社に実施させること。

②福島第一原発事故では、地震で送電線の鉄塔が倒壊し、外部からの電気が完全に途絶え、非常用ディーゼル発電機も使えなくなる深刻な停電「ステーション・ブラックアウト」（SBO＝全交流電源喪失）が発生していた。二度とそのようなことが原発で発生しないよう、外部電源に関する施設の耐震性を全てSクラスに補強すること。

こうした対策を取ることが「福島第一原発事故の教訓を今後に生かす」ことなのです。これくらいのことが当たり前のこととしてできないのであれば、その電力会社に原発を再稼働する資格はありません。

福井地裁が関西電力に示した要求は、「高浜原発だけで達成されればいい」といった次元の話ではありません。日本にある全ての原発で達成されなければならないはずの、原発を抱える電力各社にとって共通の課題でもあります。

すなわち、関西電力高浜原発への「運転禁止」仮処分命令とは、原子力規制委に対する事実上の〝業務改善命令〟でもあったわけです。

大地震や大津波は、人間の都合に合わせて起きてくれません。安全対策に〝執行猶予〟の期間を設け、見切り発車を許すことに、どんな合理性や科学的裏付けがあるというのでしょうか。でも、原子力規制委は、そうしようとしています。

福島第一原発事故では、原発から漏れ出した放射能が原発の各号機の中央制御室にまで流れ込み、事故の収束作業は困難を極めました。そこで活躍したのが「免震重要棟」です。原発所長をはじめとする原発の運転員たちはここに避難し、その場所で事故の収束作業に当たったのでした。事実上、事故制圧の拠点となったこの免震重要棟がなければ、福島第一原発事故がもたらした放射能汚染の被害は、現在の比ではなかったことでしょう。

しかし原子力規制委は、免震重要棟は数年のうちに建てればよいとして、免震重要棟の設置を再稼働の「絶対条件」とはしませんでした。高浜原発三、四号機の場合、免震重要棟が完成するまでの間は、しばらく再稼働する予定のない同原発一、二号機の補助建屋（中央制御室）を免震重要棟として流用するのだと言います。

問題は、急遽《きゅうきょ》目的外の使い方をすることになったその「流用」施設が、いざという時に、福島第一原発の免震重要棟と同等の役目をきちんと果たせるのかどうかに、日本の命運がかかっていることでしょう。

関西電力は、想定されていた最大の地震動（＝基準地震動）を上回る地震に見舞われた四つの原発と、高浜原発が立地する場所との間には「地域差」があると、ことさら強調しています。つまり、基準地震動を超える地震に高浜原発が襲われることはないというのです。しかし、日本国内に地震の空白地帯は存在しません。

福井地裁は、関西電力のこうした主張を（地震大国である日本では）、

「確たるものではない」

「大きな意味を持つこともない」

「基準地震動を超える地震が高浜原発には到来しないというのは根拠に乏しい楽観的見通しにしかすぎない」

として、全く採用しませんでした。

さらに福井地裁は、高浜原発の基準地震動である「七〇〇ガル」以下の地震でも、外部電源が断たれ、かつ主給水ポンプが破損して原子炉への主給水が断たれる恐れがあることを、関西電力自身も認めていることを重要視しました。

原発の「安全性」が強調される時、

「多重防護」

という言葉が宣伝文句としてよく用いられます。多重防護とは、堅固な第一陣が突破されたとしても、なお第二陣、第三陣が控えているという形の備えのことです。それでも、福島第一原発事故は起きてしまいました。宣伝文句は嘘《うそ》だったわけです。

福井地裁の検討結果によれば、高浜原発に備わっているとされる「多重防護」は、第一陣の備えである外部電源や主給水ポンプが地震等で壊れてしまうと、第二陣や第三陣の出番がないまま「いきなり背水の陣」（福井地裁決定文の言葉）に追い込まれてしまうシロモノでした。しかもそんな危機が、基準地震動以下の地震でも発生する恐れがあるというのです。「備え」として、あまりにも貧弱すぎますし、お粗末です。

基準地震動に満たない地震によっても重大な事故が生じ得るのであれば、その危険は「万が一の危険」という領域を遥《はる》かに超え、現実的で切迫した危険である——と、福井地裁は認定しました。

そして、高浜原発の半径二五〇キロメートル圏内に暮らす住民は、原発事故によって取り返しのつかない損害を被る恐れがあるとして、高浜原発の運転を差し止める仮処分命令が発令されたのでした。安全な暮らしを脅かす存在から国民を保護し、安全を確保する「保全」の必要があると判断されたためです。

「事実誤認」をした真犯人

〝業務改善命令〟を突きつけられた原子力規制委は、福井地裁の「運転禁止」仮処分命令

が出た翌日の四月一五日、さっそく福井地裁に対して反撃しました。同日の定例会見で同委の田中俊一委員長は、

「この裁判の判決文を読む限りにおいては、事実誤認、誤ったことがいっぱい書いてあります」

と、猛反発したのです。仮処分命令申立事件なので、正しくは「判決文」ではなく「決定文」なのですが、会見で田中氏は、決定文にある「事実誤認」の例として、

①使用済み核燃料プールへの給水設備の耐震性が「Bクラス」だと書いてあるのは、最も高い「Sクラス」の誤りだ。

②福島第一原発に代表されるBWR（沸騰水型原子炉）では、格納容器の上部開口部と同じ高さの「空中」に使用済み核燃料プールが設置されており、同原発事故の際は崩落の危険があったが、高浜原発の原子炉の型式であるPWR（加圧水型原子炉）では、使用済み核燃料プールが「地上」にある。従って、崩落の危険はなく、いざとなれば消防ポ

ンプで給水することも可能だ。

③外部電源に関する施設の耐震性を全てSクラスに補強せよとの要求については、非常用発電機や電源車、バッテリー等の非常用電源はすでにSクラスになっている。

等を列挙しました。「専門家」としての面子《メンツ》を潰《つぶ》され、黙っていられなかったのでしょう。

しかし、「事実誤認」を乱発しているのは、当の田中委員長のほうでした。

①の使用済み核燃料プール設備の耐震性についてですが、使用済み核燃料プールには給水設備と冷却設備があります。プールに水を入れるのが給水設備で、それを循環させて冷やすのが冷却設備です。そして給水設備の耐震クラスはSで、冷却設備はBクラスとされています。これが事実です。そして決定文の四二ページ最下段には「また使用済み燃料プールの冷却設備は耐震クラスとしてはBクラスである」と明記されているので事実誤認ではありません。

ただ、その直後（決定文四四ページ一〇行目以下）に記された「方策」の部分で、「使用済み核燃料プールの給水設備の耐震性をSクラスにする」という記述が登場します。これは、使用済み核燃料プールの「冷却設備」とすべきところを書き間違えたものです。決定文をきちんと読み通せば素人でも発見できる些細な誤記なのです。訂正すれば済む次元の話ですが、田中氏はまるで鬼の首を取ったかのように「事実誤認」だと非難したのです。これは子供じみた「いちゃもん」です。

②の原子炉の違いによる使用済み核燃料プールの「位置」については、今回の「運転禁止」仮処分命令とは全く関係のない話です。争点にもなっていません。従って、「事実誤認」とも何ら関係ありません。しかも、プールが地上にあっても堅固な殻によって覆われていないので脆弱であるとの指摘は正しいのです。

③の外部電源については、田中氏自身が混乱しているようです。

記者会見で田中氏は、次のように話しています。

「外部電源について、SBOを防ぐということで、我々は非常用発電機とか、いわゆる電源車とかバッテリーとか、いろいろな要求をしております。外部電源は商用電源ですから

Cクラスですけれども、非常用電源についてはSクラスになっています。ですから、ざっと見ただけでも、そういった非常に重要なところの事実誤認がいくつかあるなと思っています」

「運転禁止」仮処分命令の中身は、二度とSBOが原発で発生しないよう、田中氏の言う「商用電源ですからCクラス」という外部電源の耐震性を、全てSクラスに補強せよというものでした。この話のどこに「非常に重要なところの事実誤認」があると言うのでしょうか。

田中氏の「事実誤認」という反論を丁寧に見ていくと、その中身は、通常時の電源について心配している話を非常用電源の話にすり替え、それを「事実誤認」と呼んでいることが分かります。もはや「デマ」と呼ぶべき次元の誹謗《ひぼう》中傷に他なりません。

田中氏の定例会見では、原子力規制庁の「地震・津波」担当者も、「事実誤認」PRに加勢していました。

④最大級の地震の揺れを原発ごとに想定する基準地震動を「地震の平均像を基に策定す

る」とした点も誤認だ。地震の揺れを予測するための法則は過去の地震の平均から導き出しているが、原発に最も影響が大きくなるよう、活断層等の条件を設定し、過去に想定を超えたことも踏まえ、不確かな部分を考慮して基準地震動を設定している。

という反論です。田中氏は、これも「事実誤認」だとしました。

繰り返しになりますが、決定文には次のような記述が登場します（丸カッコ内は筆者の補足。以下同）。

「活断層の状況から地震動の強さを推定する方式の提言者である入倉孝次郎教授（元・京都大学副学長、同大名誉教授）は、新聞記者（愛媛新聞）の取材に応じて、『基準地震動は計算で出た一番大きな揺れの値のように思われることがあるが、そうではない。（ママ）』『私は科学的な式を使って計算方法を提案してきたが、平均からずれた地震はいくらでもあり、観測そのものが間違っていることもある。（ママ）』と答えている（「愛媛新聞」二〇一四年三月二九日付記事）。（中略）本件原発においても地震の平均像を基礎としてそれに修正を加えることで基準地震動を導き出していることが認められる。万一の事故に備えなければならない原子力発電所の基準地震動を地震の平均像を基に策定することに合理性は見い出し難いから、基準地震動はその実績のみならず理論面でも信頼性を失っていることになる」

原子力規制庁の「地震・津波」担当者は、この記述を捉《とら》えて、「基準地震動に関しては、特に地震の平均像というわけではない」として、決定文を批判しました。

が、「基準地震動は地震の平均ではない」のは当たり前の話です。仮処分を求めた私たちにしても、「基準地震動は地震の平均だ」等と主張してはいません。

そして、決定文にあるのは、

「本件原発においても地震の平均像を基礎としてそれに修正を加えることで基準地震動を導き出していることが認められる」

「原子力発電所の基準地震動を地震の平均像を基に策定することに合理性は見い出し難

い」

という文言です。決定文でも、「基準地震動は地震の平均だ」等とは一言も書かれておりません。この話のどこに「事実誤認」があると言うのでしょうか。

そもそも、入倉氏が考案した「強震動予測レシピ」（別名「入倉式」）は、最大級の地震動を導き出すことを目的とした計算式ではないのです。なぜ、そうした目的の違う式をわざわざ使って基準地震動を想定するのか——ということを問題にしているのです。入倉式で計算して出た数値に、さらに数値を少し上積みして基準地震動を想定しているのだから十分だろう、という話ではないのです。

そんなわけで、田中氏が記者会見で指摘した「事実誤認」とは何を意味するものなのか、さっぱり分からないことになりました。

にもかかわらずマスコミ各社は、田中氏が語った言葉をそのまま鵜呑《うの》みにする形で、裏付けを一切取らないまま報じてしまいます。

「原子力規制委員会の田中俊一委員長は一五日の定例会見で『十分に私どもの取り組みが

理解されていない点がある』とし、事実関係に誤認があると反論した。(中略) 使用済み燃料プールに水を送る設備の耐震性が『Bクラス』とされたのは、最も高い『Sクラス』だとした。

最大級の地震の揺れを原発ごとに想定する基準地震動が『地震の平均像をもとに策定する』とした点についても誤認とした」(「朝日新聞」二〇一五年四月一五日)

「給水や電源など設備の耐震設計を巡る地裁の判断に対し、田中委員長は『事実誤認がある』とも述べた。実際には耐震クラスが最高の『S』となっている使用済み核燃料プールの給水設備が『B』とされていることなどを例に挙げた」(「日本経済新聞」二〇一五年四月一五日)

記者は、こんな発言の根拠をきちんと問い質《ただ》し、検証しなくていいのでしょうか。言われたままを報じるのはジャーナリズムではなく、原子力規制委の広報の仕事です。

こうした報道のおかげで、実は田中委員長のほうが事実誤認をしているにもかかわらず、まるで裁判所の「運転禁止」仮処分命令が事実誤認に基づくものであるかのようなデマが広まってしまうのです。

　田中氏が会見をした翌日の四月一六日、安倍晋三首相がさっそくこの「事実誤認」PRに飛びつきました。同日の衆院本会議で、

「田中規制委員長から、（福井地裁の決定には）その判断の前提となる幾つかの点で事実誤認があり、新規制基準や審査内容が十分に理解されていないのではないかとの明快な見解が示されています」

と、田中氏の事実誤認を根拠に、大見得を切ったのです。そして、再稼働を目指す安倍政権の従来方針を変えるつもりがないと、断言したのでした。

　この話の根拠が実は田中氏自身の事実誤認であるということを、安倍氏は知っているのでしょうか。知った上でやっているのなら安倍氏が得意とする政治的プロパガンダ（大衆操作）ですが、知らないでやっているのだとしたら、原子力規制委委員長である田中氏の責任はさらに重大です。結果として、一国の首相を騙《だま》し、判断を誤らせた上に、嘘までつかせてしまったことになるからです。

その翌日の四月一七日、続いて関西電力も、福井地裁の決定には「事実の誤認や誤解がある」と主張し、田中氏の「事実誤認」PRを利用しました。関西電力は、福井地裁の仮処分決定を不服として、同日、決定の取り消しを求める「保全異議」[*1]を福井地裁に申し立てたのですが、その際の記者会見を利用しての情報操作です。

ナチスドイツが用いた「嘘も一〇〇回言えば本当になる」式のプロパガンダですが、ただし、そんなことをしても残念ながら仮処分決定は取り消せません。法廷の場で決まったことは、法廷の場でしか取り消せないのです。

裁判所が、なりふり構わず電力会社や原発の味方をしてくれる時代は、もう終わったのです。

裁判所が再稼働を止める

安倍政権の菅義偉《すがよしひで》官房長官は、福井地裁の「運転禁止」仮処分命令が出た四月一四日の記者会見で、高浜原発の再稼働を、

「粛々《しゆくしゆく》と進めていきたい」

と述べました。

沖縄県宜野湾《ぎのわん》市にある米軍普天間《ふてんま》飛行場を名護《なご》市辺野古《へのこ》に移設する作業を、

「粛々と進める」

と菅官房長官が繰り返し述べてきたことに対し、沖縄県の翁《お》長《なが》雄志《たけし》知事が面と向かって、

「問答無用という姿勢が感じられる。上から目線の言葉を使えば使うほど県民の心は離れ、怒りは増幅していく」（「沖縄タイムス」二〇一五年四月六日）

と批判したのは、「運転禁止」仮処分命令が出る九日前のことでした。批判を受けた菅氏は、翌四月六日に、

「『上から目線』というふうに感じられるのであれば変えていくべきだろう。不快な思いを与えたなら使うべきではない」（「産経新聞」二〇一五年四月七日）

と述べました。

しかし、それからたった一週間ほどでまた同様の発言をしたのです。「粛々」封印は、沖縄県向けに限った話だったのでしょうか。高浜原発の周辺住民が「上から目線」と感じようが、「不快な思い」をしようが、意に介さずということなのでしょうか。四月一四日

の菅発言は、原発の再稼働に反対する国民や裁判所に対し、安倍政権は「問答無用」の姿勢で臨むという〝宣戦布告〟のつもりなのでしょうか。

現在、安倍政権と原子力規制委は、原発の再稼働に躍起になっています。その戦略は、「一点突破、全面展開」

とでも言うべきもので、何よりも優先されるべきは「国民の安全」であるという見識からは、およそかけ離れたものです。科学的裏付けがあるものでもありません。

これは、再稼働のための準備が比較的容易な原発を一基、とにかく動かし、それを足がかりにして、一気呵成《かせい》に多数の原発を再稼働させてしまおうという戦略です。その先兵として選ばれたのが、九州電力の川内《せんだい》原発（鹿児島県）一、二号機と、関西電力の高浜原発三、四号機でした。

この「一点突破、全面展開」戦略に対して私たちは、二〇一一年七月に結成された「脱原発弁護団全国連絡会」[*2]を中心に、総勢約一七〇名の弁護士たちが市民と力を合わせ、原発の運転差し止め仮処分をもって対抗していくことにしました。

現在、全国各地の原発で、再稼働の差し止めを求める訴訟が提起されています（東北電力東通《ひがしどおり》原発、同電力女川原発、東京電力福島第一原発、同電力福島第二原発を除く)。その最初の成果は、二〇一四年五月二一日に福井地裁で、関西電力大飯原発三、四号機の運転差し止めを命じる判決を勝ち取ったことです。

しかし、判決には仮執行宣言がついていなかったために、即座に「運転禁止」へと追い込むことはできませんでした。関西電力に控訴されたため、最高裁判所で判決が確定するまでは強制的な執行力がない状況が続きます。差し止め判決が出ているにもかかわらず、訴訟が継続している間は、大飯原発の再稼働ができないわけでもありません。

原発の再稼働を実際に、そして即時に止めるには、原子炉の運転を差し止める仮処分申請をするしか、手段はありませんでした。

最も早く原子力規制委の審査をパスしそうで、再稼働の第一号になるのではと予想された九州電力の川内原発に対しては、二〇一四年五月三〇日に運転差し止めの仮処分申請が鹿児島地裁に対して行われました。

鹿児島地裁の前田郁勝《いくまさ》裁判長は、私たちに対しても九州電力側にも、多くの質問を投げかけてきました。主な争点は、

①基準地震動が平均値を基に求められている点をどう見るか
②川内原発にも影響が及ぶような火山の大爆発は事前に予知できるのか
③事故発生時の住民避難計画は十分か、十分でなくてもよいのか

等です。

法廷では、九州電力が若手の職員技術者を動員し、自信満々に安全論を展開したのに対し、私たちはパワーポイントを使った長時間のプレゼンテーションを行いました。

この間、川内原発一、二号機は二〇一四年九月一〇日に、原子力規制委の審査をパスします。その後、二〇一五年三月一八日に同原発一号機の工事計画が原子力規制委から認可され、さらに再稼働へ一歩近づいてしまいます。新聞報道では、実際に再稼働を開始するのは二〇一五年の七月頃だろうと言われていました（同年八月一一日に一号機が再稼働）。

一方、関西電力の高浜原発三、四号機に対しては一足早く、福島第一原発事故が起きた二〇一一年の八月二日に、運転差し止めの仮処分申請が大津地裁（滋賀県大津市）に対し

て行われていました。滋賀県の皆さんは、実に先見の明があります。

関西電力は、高浜原発の再稼働に社運を賭《か》けています。同社は原発への依存度が異常に高く、ピーク時はその約六〇パーセントが原発による発電でした。同社の経営再建策は今もって「原発再稼働」一本槍《やり》のままです。先見性のない、まことに愚かな経営陣という他ありません。そんな経営陣が特に重視しているのが、高浜原発三、四号機の再稼働でした。

実を言うと関西電力は、福井地裁判決で運転差し止めを命ぜられた大飯原発三、四号機のことを、経営戦略において重視していません。防潮堤や免震重要棟の建設など、再稼働までに超えなければならない法律面・技術面のハードルが多すぎて、即戦力として期待できないからです。

それに引き換え、高浜三、四号機は、再稼働に最も近いところに位置していると見られていました。運転開始が一九八五年と比較的新しい上に、発電量も八七万キロワットと、それなりに大きいため、同社経営陣の期待を一身に背負った存在なのです。その証拠に、関西電力はこの高浜原発の再稼働を二〇一五年の経営計画にしっかり組み込んでいます。

関西電力が今、一番恐れていることは、その高浜三、四号機の再稼働が、住民申し立てによる仮処分で差し止められることだ――。

そんな情報が私たちのもとに飛び込んできたのは、二〇一四年一〇月のことでした。

大津地裁における運転差し止め仮処分申請の代理人は、二〇〇六年三月二四日に北陸電力志賀原発二号機に対し、日本で初めての「運転差し止め」判決を言い渡した元・金沢地裁判事の井戸謙一弁護士です。さっそく連絡を取りましたところ、近日中にも決定が出される見込みで、しかも運転差し止め命令が期待できるとのことでした。

二〇一四年一一月二七日、大津地裁が決定を言い渡すことになり、私も井戸弁護士とともに立ち会うことになりました。

決定は極めて意外なものでした。結論は「却下」だと言うのです。しかし、その理由は大変奇妙なものでした。

「新規制基準は基準地震動の定め方などにも疑問があり、(原子力規制委の)田中委員長自身も絶対的安全性は保障しないと言っており、避難計画も完備されていないから再稼働許可(適合性審査合格)が出されるとは到底思えないので、保全(運転差し止め)の必要性がない」

と言うのです。

のちに高浜原発の運転を差し止める福井地裁の判断と同様に、大津地裁もまた、基準地震動の定め方に疑問を呈していました。言い換えれば、すでに再稼働の許可が出ていたならば、運転を差し止める――という論理です。

決定を聞いた井戸弁護士は憮然《ぶぜん》とした表情で、

「それなら、再稼働許可が下りた時点でもう一回、申し立ててやる」

と呟《つぶや》きました。私は新聞記者たちに、

「これは、半分以上勝ったのも同然の決定なんです」

と解説しましたが、記者たちにはその意味が理解できなかったようで、無視されてしまいます。

二〇一四年五月の福井地裁「大飯原発三、四号機運転差し止め判決」を勝ち取った立役者の一人である鹿島啓一弁護士も、大津地裁の決定を聞いて怒りに震えていました。石川県金沢市に事務所を構える若い鹿島弁護士は、私にこう言ったのです。

「河合先生が前から言っていたように、高浜原発三、四号機の差し止め仮処分を、福井地裁に申し立てるしかないですね。私、やりますよ」

そして、年が変わった二〇一五年二月一二日、高浜原発三、四号機は原子力規制委の審査をパスし、再稼働へのお墨付きを得たのでした。

こうして、福井地裁での高浜原発「運転禁止」仮処分命令という勝利に向け、お膳立ては揃いました。

高浜原発三、四号機の「運転禁止」仮処分命令は、単独の闘いとして勝ち取ったものではなく、まず、福井地裁の「大飯原発三、四号機運転差し止め」判決があり、大津地裁での「半分勝利」を経て、「運転禁止」仮処分命令へと至ったのでした。いわば「合わせ技で一本勝ち」といった感じです。

審理は、高浜原発が再稼働してしまう前に迅速に終わらせる必要があるので、考えられる全ての主張を一括して申立書で尽くすことにしました。
①福井地裁「大飯原発3・4号機運転差し止め」判決での主張・証拠
②その控訴審での主張・証拠

③鹿児島地裁「川内原発運転差し止め仮処分申請」での主張・証拠
④大津地裁「高浜原発運転差し止め仮処分申請」での主張・証拠

これらを全て提出しました。現時点で日本の原発が抱えている全ての問題点や論争点を提示し、

「裁判所がこのうちのどれを取り上げても構わない。急いで、高浜原発の運転を差し止めてくれ」

という態勢を取ったのです。

申立書等は全四二〇ページ、証拠書類は重さにして一〇キログラムにも及びました。本書の第三章で詳述する、私が監督した映画『日本と原発』も、証拠として提出しました。

福井地裁への申し立ては、近く原子力規制委の審査をパスするだろうと見越して、先手を打つ形で二〇一四年の一二月五日に行いました。大津地裁の「却下」決定が出てからたった八日後のことです。

それだけではありません。大飯三、四号機では運転差し止め判決を勝ち取っていました

が、仮執行宣言がついておらず、即時執行の効力がなかったため、大飯三、四号機についても併合して仮処分を申し立てることにしました。

「法廷闘争」の内幕

申立人は、地元の福井県をはじめ、大阪府や京都府、兵庫県等に暮らす九人の市民です。弁護団には、鹿島啓一、笠原一浩、中野宏典、藤川誠二からなる若手弁護士たちと、海渡《かいど》雄一、内山成樹、青木秀樹、只野靖、望月賢司、そして私というベテラン弁護士たちが結集します。ここに、大津地裁における運転差し止め仮処分申請の代理人・井戸謙一弁護士も合流しました。

大津地裁に続き、間髪を容《い》れずに福井地裁にも、〝虎の子〟である高浜原発の運転差し止め仮処分が申し立てられたことで、関西電力は慌てふためいたと聞きます。そして、ありとあらゆる方法で審理の引き延ばしを図ろうとしました。

まず、自分たちの代理人（弁護士）選任を遅らせました。今までと同じ代理人を選任すればいいだけなのに、わざわざ遅らせたのです。そして、それを理由に第一回審尋期日[*3]の指定を遅らせようと企《たくら》みました。そのせいで第一回審尋期日は、こちらが申し立ててから五三日も後の翌二〇一五年一月二八日になってしまいます。

第一回審尋期日で関西電力は、これが福島第一原発事故後の主張書面かと目を疑うような、旧態依然とした「安全・安心」論を展開しました。それは、大飯原発三、四号機差し止めの福井地裁判決を全く無視するものでもありました。

担当合議部の裁判長は、同判決を言い渡していた樋口英明氏です。何と関西電力は、裁判長にのっけからケンカを売ったわけです。さぞ裁判長の心証を害したことでしょう。

私たちはその不当性を厳しく追及しました。そして、関西電力の主張が旧態依然とした「安心・安全」論に尽きること、すなわちこれ以上、争点を拡《ひろ》げないことを確認させようとしました。

すると、関西電力も概《おおむ》ねこれを認めましたので、樋口裁判長は次回期日までに主張立証を尽くすよう、双方に指示しました。そして、次回期日を「三月一一日にする」と、一方的に指定したのです。

三月一一日は、東日本大震災が発生した日であり、福島第一原発事故が発生した日でもあります。何と意味深長な期日指定でしょうか。法廷内にどよめきが走りました。

私たちはそこに、樋口裁判長の並々ならぬ〝決意〟の程を読み取りました。一方、関西電力はその意味を図りかねたのか、ポカンとしていました。

続いて樋口裁判長は、何の感情も表に出さず、ぶっきらぼうに、

「なお、五月二〇日も空けておいて下さい。正式な期日指定ではないですが、場合によってはその日も審尋期日を開くかもしれないので」

と付け加え、閉廷しました。

樋口裁判長はこの日、双方に対して、

①基準地震動を三七〇ガルから五五〇ガルに引き上げた時の、耐震構造工事の内容について

②基準地震動を五五〇ガルから七〇〇ガルに引き上げる際の、耐震構造工事の内容と予定。そして耐震構造工事の進捗《しんちょく》状況について

③基準地震動を五五〇ガルから七〇〇ガルに引き上げた場合、クリフエッジ[*4]が動くのかど

うかについて
④原子炉の計測装置の耐震クラスはどの程度かについて
⑤免震重要棟の機能と設置時期について

という質問（求釈明）をしました。その質問への回答期限は、次回期日（三月一一日）の一週間前となる三月四日とされました。

こうした裁判長の訴訟指揮と、裁判長から出された質問内容を見た関西電力は、敗北必至と捉えたようです。そして、あらゆる方法で審理を引き延ばし、三月三一日で福井地裁判事としての任期が切れる樋口裁判長の交代を目指す戦術へと切り替えたのです。

関西電力は三月九日、新しい証人や、電力中央研究所に在籍する「御用学者」の手による鑑定書の提出、そして関西電力職員による口頭説明をさせてほしいと、書面で申請しました。

これに対し私たちは、

「必要ない。それらに関する証拠はすでに出ていて重複する。三ヵ月も時間があったのに、今頃それを言い出すのは、審理の引き伸ばしだ」

と反論しました。そして三月一一日、運命の第二回審尋期日を迎えます。

樋口裁判長は冒頭、

「免震重要棟はすでにあるのか。ないなら、計画中か。完成するのはいつか」

と、関西電力に質問しました。関西電力側の代理人はすぐに答えられず、へどもどしていると、樋口裁判長から、

「そんなに難しいことを聞いているのではない。すぐに答えて下さい」

と、せっつかれます。補佐の若い職員に耳打ちされ、ようやく関西電力側の代理人は、

「今はないが、高浜原発一、二号機の中央操作室（中央制御室のこと）を代用に充てる。免震重要棟が完成したらそこに移転するが、いつ完成するかは未定だ」

と答えました。免震重要棟なしで「見切り再稼働」する方針であることを自白したわけです。樋口裁判長は質問を打ち切りました。

続いて樋口裁判長は、

「二月一二日に原子力規制委員会が、いわゆる再稼働許可を出しましたよね。これで保全の必要性（緊急性）が出たと思うのですが、双方いかがですか」

と訊《たず》ねました。関西電力側は、

「許可は出たが、それですぐに動かせるわけではない。これから工事施工認可、実際の試運転等、膨大な手続きと時間が必要だ。まだまだ時間がかかるので、緊急性はない」

と抗弁します。それに対して私たちは、

「裁判外で関西電力は『許可が出たら一日も早く再稼働する』と声明を出しておきながら、二枚舌だ」

と反論しました。

樋口裁判長は、

「いつまでも議論していてもきりがないので、裁判所の方針を言います。高浜については今日で結審し、決定を出します。決定日は未定ですが、決定日の五日前に、決定日を通知します」

と、双方に告げました。大飯三、四号機のほうは、原子力規制委から再稼働許可が下りていないので「緊急性がない」とし、引き続き審尋期日が開かれることになりました。

審理の引き延ばしを目論《もくろ》んでいた関西電力は、収まりがつきません。

「私たちの証拠申請を認めてくれないのですか」

と訴えましたが、樋口裁判長は、

「決定をするのに必要ありませんから、認めません」

と受け付けませんでした。

するとと、関西電力の代理人は、

「関電としては、合議体三人の裁判官を忌避します」

と、叫びました。裁判官の忌避申し立てです。忌避申し立てがあると裁判手続きが凍結されるので、樋口裁判長の任期切れ（転勤）を狙ったのです。

「忌避」とは、裁判官が明らかに不公正である時（例えば、当事者から金品を貰《もら》っていると分かった時等）に、裁判からその裁判官を外すという制度（民事訴訟法二四条）です。が、忌避が認められたケースは日本の裁判史上、一、二件しかありません。

労働事件や公害事件、冤罪《えんざい》を争う刑事事件といった熾烈《しれつ》な闘争の中で、弱者側、若しくは権力に闘いを挑む側が用いることのある絶望的な闘争手段が「忌避」なのです。それを、超巨大企業で政治権力べったりの関西電力が使ったのですから、驚く他ありません。

しかし、樋口裁判長は顔色一つ変えず、

「では、閉廷します」

と言って立ち上がります。そして振り向きざま、関西電力側の代理人に向かって、

「それでは、忌避理由書を三日以内に出して下さいね」

と言い残し、退廷していきました。

結局、関西電力の忌避申し立ては、四月九日付で棄却されています。

樋口裁判長はその後、四月一日付で名古屋家裁へと異動したので私たちは仮処分は絶望か、と心配しましたが樋口裁判長は「職務代行」[*5]という手続きをして引き続き今回の仮処分決定を担当することになり、高浜原発に対する「運転禁止」仮処分命令を出しました。関西電力の引き伸ばし策の裏をかいたのです。

火を噴くような激しい攻防とかけひきの末の仮処分だったのです。まるでテレビドラマを見ているようでした。

決定当日の四月一四日午後二時過ぎ、住民側弁護団の海渡雄一共同代表は、私たちの支援者やマスコミの記者たちでごった返す福井地裁の前で、

「司法が現実に原発の再稼働を止めた今日という日は、日本の脱原発を前進させる歴史的な一歩であると共に、司法の歴史においても住民の人格権ひいては子どもの未来を守るという司法の本懐を果たした輝かしい日であると思います」

という弁護団声明を、笑顔で読み上げました。

関西電力は「保全異議」に伴う執行停止の申し立てを福井地裁に対して行い、五月一八日付で同地裁から却下されています。保全異議の今後の審理にかかる期間は半年から一年くらいになるだろうと、私たちは見ています。さらに、審理は上級審にまで及ぶ可能性もあるので、関西電力が目標としていた「二〇一五年一一月の高浜原発再稼働」は、ほぼ不可能な状況となったのでした。

＊1　**保全異議**　裁判所の仮処分命令の当否について、再審理を求めるもの。管轄裁判所は、保全命令を発した裁判所になる。保全命令に不服のある債務者（今回のケースでは関西電力）が保全異議の申し立てをしただけでは、執行は停止されない。保全異議に伴う執行停止

や、執行停止の申し立てが必要となる。

＊2　脱原発弁護団全国連絡会　東京電力福島第一原発の過酷事故をきっかけに、脱原発弁護団陣営の団結と相互協力の不十分性を克服し、裁判書類や証拠資料を一元化して集約し、全国の弁護団が共有することを目的に、二〇一一年七月一六日に結成された。

＊3　審尋期日　民事訴訟における「口頭弁論」のことを仮処分申請では「審尋期日」と言う。

＊4　クリフエッジ　状況が大きく変わる限界のこと。

＊5　職務代行　裁判事務の取り扱い上、差し迫った必要がある時は、管轄区域内の裁判所の別の判事に職務を代行させることができると、裁判所法は定めている。「職務代行」とは、そのことを指す。転勤後もその事件の時だけ前任地に戻って裁判ができるという例外的制度。

第二章　なぜ「脱原発」にこだわるのか

映画『日本と原発』より

最初に「弁護士」が変わった

二〇一一年三月一一日午後二時四六分、太平洋の海底を震源とする東北地方太平洋沖地震——いわゆる東日本大震災——が発生しました。地震の規模はモーメントマグニチュード九・〇で、日本の観測史上、最大の地震でした。

地震が起きた瞬間、私は東京・日比谷のビル一六階にある自分の法律事務所にいました。すさまじい揺れで棚から書類が崩れ出し、自分の部屋にある頑丈なテーブルの下に潜り込みました。

揺れが収まってあたりを見ると、書類が床に散乱し、足の踏み場がないほどです。ビルのエレベーターも止まってしまいましたので、歩いて一階まで降り、日比谷公園に避難しました。しかし、公園にとどまっている限り、どんな被害が発生しているのかさっぱり分かりません。どうやら東北地方のほうが震源域で、同地方の被害がひどいという話が伝わってきました。ふと、福島県や宮城県にある原発は大丈夫だろうか——と、脳裏をよぎりました。この日は、新宿区四谷の自宅まで一時間ほどかけて歩いて帰りました。

福島第一原発の状況が時々刻々と深刻化していることは、夜のテレビ報道で知りました。私は、事故の情報が一番集まるのは原子力資料情報室（第五章で詳述）だと考え、その後は連日、曙橋《あけぼのばし》（東京・新宿区）にある同情報室に詰めていました。

私たちの生活や、これまでの日本の全てが覆るかもしれないと思った時は、これまでに経験したことのないほどの恐怖を感じました。

「ほれ見ろ、バカヤロー。俺たちの言っていた通りになってしまったじゃないか」

という思いと、

「止められなかった俺たちも無力だった」

という気持ちが半々でした。そしてこの時、

「もう、こんなことは絶対起こさせない闘いをしよう」

と決意します。脱原発に向け、私の全精力を傾注する〝スイッチ〟がONになった瞬間でした。

三月一一日は、アメリカにいる私の三女が孫二人を連れて帰省する予定の日でした。三女たちの乗った飛行機は震災のため、成田空港に着陸できず、名古屋の中部国際空港に着

陸した後、大荷物を抱えて新幹線に乗り換え、東京の私の家まで来たのですが、原発事故で漏れ出した放射能が東京にまで達する恐れがありました。せっかくはるばるやってきてくれた孫の顔をゆっくり見る間もなく、

「逃げなさい」

と、次女の家族が暮らす兵庫県に向かわせることにします。三女は、

「大袈裟《おおげさ》なんだから」

と言うのですが、

「もし何かあったら、俺は後で孫に顔向けできなくなるから、とにかく西に行け」

と説得し、送り出したのでした。事実、その数日後の三月一五日の朝には、夥《おびただ》しい放射能を帯びた放射性プルーム（放射能雲）が東京にまでやってきているのです。その後、都内の水道水からはヨウ素131やセシウム137といった放射能が検出され、それは母親たちの母乳からも検出されたのでした。

私は、この大事故で日本の国民は「原発安全神話」から解き放たれると思いました。日本の原発は「安全」でもなければ「安心」でもなく、事故を起こせばとんでもないことに

なるのだと分かり、国民は目から鱗《うろこ》が落ちたと思うのです。そして、国民が「分かった」ということは、裁判官も分かったに違いない——ということです。

裁判官は、目の前にある証拠だけでしか判断してはいけないことになっているのですが、実際は新聞もよく読むし、テレビもＮＨＫをよく見るし、「原発安全神話」に毒されていたに決まっているのです。その証拠に、原発事故前に私たちが手がけた裁判は、連敗に次ぐ連敗でした。

しかし、実際に事故が起きて、裁判官も変わり、目から鱗が落ちたとするなら、裁判をもう一回、やり直すべきだ——。そう思ったのです。

私は、今まで原発の裁判に関わったことのある日本中の弁護士たちに「一緒にやろう」と手紙を書きました。その総数は百数十通ほどです。すると、その数以上の三〇〇人を超える弁護士たちが私の呼びかけに応じてくれたのです。

集まってきた弁護士の中には、公害事件をはじめとした環境訴訟や、薬害事件の損害賠償請求訴訟に関わっていたものの、原発には全く関心がなかったという人もいました。また、こんな返事をくれた弁護士もいました。

「自分もこの地で原発の運転差し止め裁判を起こしたかった。だけど、それを言い出す勇気がなかった。河合さんが呼びかけてくれて本当によかった」

裁判官が原発事故で変わるよりも前に、まず弁護士たちが変わったのです。

福島第一原発が発生する以前の原発訴訟は、戦争に例えて言うと、塹壕《ざんごう》（通称「タコツボ」）に入って機関銃で目の前の敵に向かって撃つだけで、隣の塹壕が何をやっているのかもよく分からず、押し寄せてくる敵にとにかく反撃しているだけの闘いでした。まるで「井の中の蛙《かわず》」状態で、弁護士の間で知識を共有することや、情報交換することもあまりありませんでした。

日本の原発が共通して抱える問題点に詳しい科学者の証人調書も、全国各地の原発訴訟で使い回しする「水平展開」ができれば効率もいいのですが、そういうこともほとんどありませんでした。それぞれが皆、いい弁護士で、一生懸命頑張ってきたのですが、横のつながりがほとんどなかったのです。その弁護士自身は非常に高度な知識や戦闘力を持っているのですが、いわゆる〝名人芸〟に終わってしまっていたのです。

これでは、ただでさえ苦しい闘いが、さらに苦しくなるだけです。経験の交流や、技の伝承がないと、脱原発側弁護団の層は厚くなりませんし、広がりを持つことができません。そうした状況を打破し、孤立していた全国の弁護士たちが連帯するために結成したのが、私が共同代表を務める「脱原発弁護団全国連絡会」です。福島第一原発事故から四ヵ月後の二〇一一年七月一六日のことでした。そのメンバーたちは全国で続々と原発差し止め訴訟を喚起していました。

現在、再稼働の差し止めを求める訴訟が提起されていないのは、東北電力東通原発（青森県）、同電力女川原発、それに再稼働の可能性が事実上、なくなったと考えられる東京電力福島第一原発と、同電力福島第二原発です。こうしたところでも、今後は必要に応じて臨機応変に対応していきます。

例えば女川原発で言うと、原発事故発生時の「避難問題」等です。福島第一原発事故を受け、周辺住民の避難計画が策定されない限り、再稼働は現実の話とはなりません。そしてこの避難計画は、一般市民の被曝を最小限に抑え、しかも避難道路の渋滞等を起こさせず、短時間の間に効率よく避難できるためのものでなければなりません。が、そんなものはそう易々《やすやす》とつくれるものではありません。

避難先は、どこの県のどの市町村を想定しているのか。その受け入れ先の市町村とは、避難時の受け入れ協定を結ぶことができているのか。原発直近に暮らしている住民たちの避難経路は複数用意できているのか等、避難計画に潜む問題を徹底的に追及し、避難計画を立案した行政ともやり合い、問題点を炙り出した上で、弁護士が住民たちと共働する形で運転差し止め訴訟を起こすことを想定しています。

こうした脱原発弁護団の運動の最初の成果が、二〇一四年五月二一日に福井地裁で、関西電力大飯原発三、四号機の運転差し止めを命じる判決を勝ち取ったことです。最良の〝住民のための安全対策〟は、原発の再稼働を封じ、廃炉にしてしまうことであるのは、言うまでもありません。そうすれば、避難計画も必要なくなります。

そして「裁判官」も変わった

大飯原発三、四号機の運転差し止め判決と、高浜原発三、四号機の「運転禁止」仮処分命令を書いた樋口英明判事のことを、

「変わった人」

「特殊な裁判官」

とする批判を耳にしますが、的外れだと思います。彼に会って話したこともない人がよく言うものだ、と思いますが、樋口判事は「変わった人」なのではなく、裁判官として「特殊」なのでもなく、「福島第一原発事故で変わった」日本国民の典型なのだと思います。

「定年間際だから、あんな判決が書けたのだ」

と揶揄《やゆ》する声も聞かれますが、彼は定年までまだ三年も残っています。

世間の話題にもなった大飯原発三、四号機の運転差し止め判決文（判決要旨）の一節に、次のようなものがあります。


「当裁判所は、極めて多数の人の生存そのものに関わる権利と電気代の高い低いの問題等とを並べて論じるような議論に加わったり、その議論の当否を判断すること自体、法的には許されないことであると考えている。このコストの問題に関連して国富の流出や喪失の議論があるが、たとえ本件原発の運転停止によって多額の貿易赤字が出るとしても、これを国富の流出や喪失というべきではなく、豊かな国土とそこに国民が根を下ろして生活していることが国富であり、これを取り戻すことができなくなることが国富の喪失であると当裁判所は考えている」

この判決の最大の特徴は、「電気代の安さよりも、安全な暮らし」と言い切ったところにあります。そして、国民が命を守りつつ、普通に生活し続けるための「人格権」を大前提に、国土の保全と国民生活の安定こそが「国富」であると定義しました。これを犠牲にしてまで、経済活動の一つにすぎない原発の再稼働を優先しなければならない道理はありません。

判決文（判決要旨）は、さらにこうも言います（丸カッコ内は筆者）。

「大きな自然災害や戦争以外で、この根源的な権利（人格権）が極めて広汎に奪われるという事態を招く可能性があるのは原子力発電所の事故のほかは想定し難い。（中略）具体的危険性が万が一でもあれば、その差止めが認められるのは当然である。（中略）

原子力発電技術の危険性の本質及びそのもたらす被害の大きさは、福島原発事故を通じて十分に明らかになったといえる。本件訴訟においては、本件原発において、かような事態を招く具体的危険性が万が一でもあるのかが判断の対象とされるべきであり、福島原発事故の後において、この判断を避けることは裁判所に課された最も重要な責務を放棄するに等しいものと考えられる」

私たちが期待を込めて予想していた通り、福島第一原発事故は裁判官をも変えていたのでした。やはり裁判官も「人の子」なのであって、福島の事故を意識せざるを得なかったのだと思います。

それまでの原発訴訟では、電力会社側の代理人が審理を科学論争や技術論争の迷路へと引きずり込み、「東京大学教授」や「京都大学教授」といった権威を笠に着た御用学者に証言をさせて、勝利を収め続けてきました。科学者ではない裁判官としてみれば、そんな科学論争等を簡単に理解できるわけがないからです。そうやって、審理を訳の分からない話に仕立て上げ、「権威」の言う通りにしていれば無難だと裁判官に思わせるのが、彼らの常套《じょうとう》手段でした。

一方、大飯原発三、四号機の運転差し止め判決は、電力会社側が仕掛けた科学論争や技術論争には付き合わず、

「想定されていた『最大の地震動』を上回る地震が、七年の間に四つの原発で五回も記録されている。つまり、電力会社や地震の専門家たちが『これが最大の地震動』だとしていた想定は誤りだった」

「福島第一原発事故が発生した」

という二つの客観的事実を、最も重視しました。電力会社が今までの基準地震動決定の手法を完全に変えて、

「こういう形に改めましたので、事故は完全に防げますし、実際に防げました」

という立証ができるのであればともかく、それができないのであれば再稼働は認めないという、明快な判断基準です。

判決文を書くに当たって樋口判事は、考え抜いたのだと思います。科学論争や技術論争に付き合った結果、電力会社によって煙に巻かれ、裁判所が原発事故を防ぐ抑止力になれ

なかったことを真摯《しんし》に反省し、裁判所や裁判官の能力の限界も踏まえて書いたのが、あの判決文なのでしょう。

だから、樋口判事が編み出した「裁判所としての考え方」は、他のどの原発の裁判でもそのまま使えるものになっています。その裁判官に使う勇気があれば、ではありますが。

ところで、実際の審理の場面では、樋口判事の訴訟指揮は私たち弁護団に対しても大変厳しいものでした。当初は、

「何て偉そうに振る舞う裁判官なんだ……」

と思ったほど、厳しく、冷たい指揮ぶりだったのです。

第一回口頭弁論の際のことでした。こちら側のエース弁護士である海渡雄一弁護士が意見陳述で、福島第一原発事故が起きたことの背景には、電力会社や御用学者の言い分を鵜呑みにしてきた裁判所の姿勢にも問題があったからだと具体例を挙げて論証し、

「司法にも責任がある」

と言った時、樋口判事は物凄《ものすご》い形相で海渡弁護士を睨《にら》みつけたのです。

〝お前は裁判所を侮辱する気か〟

と激怒しているかのような顔でした。

その後、現地の弁護団からは、

「恐ろしい人に当たっちゃいました」

「何を言っても聞いてくれません」

という報告が相次ぎ、早く訴訟を終わらせて関西電力を勝たせるために、このような訴訟指揮をしているのではないかとすら、私たちが思ったほどです。

しかし、それは関西電力側に対しても同様で、非常に辛辣《しんらつ》な指揮をしていました。穏やかで良心的な裁判官、という雰囲気を漂わせることは全くなく、とにかく双方に対して強い口調で指揮をする〝怖い〟裁判官だったのです。

それだけに思うのですが、福島第一原発事故が発生しておらずに同様の訴訟を起こしていたら、あの樋口判事が担当だったとしても負けていたと思います。つまり、あの福島第一原発事故がなければ、大飯原発三、四号機の運転差し止め判決もなかった——ということです。

福島第一原発事故後、裁判官が変わったと感じさせられる場面は、何も福井地裁に限って見られる話ではありません。

二〇一二年七月三一日に提起した日本原子力発電・東海第二原発の運転差し止め裁判での話ですが、裁判長が、

「被害論なんか後回しだ」

と言ったのです。

この裁判では、福島第一原発事故の被害者も原告に加わっています。その原告の意見陳述を「いらない」と、裁判長が言ったわけです。

裁判長の言い分はこうです。

まずは原発の「安全性」の問題でしょう。事故を起こす恐れがあるかどうかを、まず判断するんです。それで、事故を起こす可能性があるとなったら、次にどんな被害が引き起こされるのかを審理するんです。被害の話は二番目じゃないですか。それで、被害が大きいということになったら、原発を止めるかどうかの三番目の審理がある。だからまず、安全性を議論するのが優先。絶対安全だというんだったら、被害論なんかいらないじゃない

ですか――。

そう言って裁判長は、当初は認めていた被害者の意見陳述を「次回からは認めない」と言い出したのでした。

私たちは猛然と反論しました。


それは違うでしょう。原発事故による被害の大きさは、そうした過ちを起こさせないために要求される安全性の程度を決める上で必須のもの。発生する被害が「一」しか発生しないものならば、要求される安全性もそれに応じたものでいいし、「一〇〇〇〇」の被害が発生するならば、要求される安全性もうんと高めないといけない。だから、要求される安全度と、想定される被害の大きさには、正比例の深い関係があるのです。

いったん原発事故が起きれば、どれほど大きな被害が発生するのかは、福島第一原発事故を見れば一目瞭然《りょうぜん》です。まずそれを見て、そこから遡《さかのぼ》って「この甚大な被害を防ぐには、どの程度の安全性を要求したらいいのか」ということが決まる。それが、福島第一原発事故の教訓なのであって、裁判長の考え方は全く逆じゃないですか——。

そう説得すると、頑《かたく》なだった裁判長も折れてくれました。そして、被害者の意見陳述は次回以降も認められたのでした。「福島第一原発事故が起きた」という現実は、それほど重い説得力を持っているのです。

福島第一原発事故が起きるまでは、悲惨な被害の話を具体的かつ事実に基づいてするとなれば、一九八六年に発生したチェルノブイリ原発事故の話を持ち出すしかなかったわけです。ところが、チェルノブイリは遥か彼方《かなた》にあって、裁判長に被害のリアリティを感じてもらうのは至難の業《わざ》でした。

それに加えて、日本の原発とチェルノブイリ原発は、原子炉の型が違います。日本にあるのは「沸騰水型」や「加圧水型」というタイプの軽水炉であるのに対し、チェルノブイリ原発は「黒鉛減速沸騰軽水圧力管型」という、全く違うタイプの原子炉でした。

さらには、「権威」を纏《まと》った御用学者たちによって、

「あれは共産圏だから起きた事故で、いい加減な実験をやっていたことで起きた。日本で

はあり得ない事故だ」

といった宣伝も盛んに行われました。ようするに原発事故は、日本では絶対に起きない〝他人事〟であると皆、騙され続けてきたのです。その「皆」の中には、もちろん裁判官も入ります。

しかし、首都圏からほんの二〇〇キロメートルしか離れていないところで原発の大事故が発生して、いきなり原発事故はとても身近で、かつリアリティのある話になりました。日本で暮らしている限り、そのリアリティと無縁では済みません。そしてそれは、裁判所の世界においても同様です。

「日本で重大な原発事故は絶対に起きない」という前提が変わってしまったのですから、裁判官が変わるのは、いわば当たり前の出来事なのです。一〇〇万人以上にも及ぶ日本国民が避難を強制されるという前代未聞の大災害を前にして、何も変わらない裁判官がいたとすれば、むしろそちらのほうがおかしいくらいでしょう。

それでも変わらない人々

福島第一原発事故が起きる以前の電力会社側の主張は、

「小さい事故はいくつか起きるかもしれないけれど、過酷事故や重大事故は日本で絶対に起きない」

というものでした。でも、そんな事故が実際に起きてしまいましたので、最近では、

「絶対に起きない」

「絶対安全です」

とは言わなくなりました。

事故前は、

「重大事故が起きるのは、社会的に無視し得る程度の確率です」

とも言っていましたが、それは結局、

「事故は起きない」

と言っているのと同じです。それでも重大事故の発生前は、こうした「確率論」を基に

した主張が法廷で堂々と通用し、裁判所は電力会社側を連綿と勝たせてきたのでした。

しかし、実際に大事故が起きてしまったという現実を突きつけられ、「数万年に一回」という言い方をする確率論は急速に説得力を失います。日本で原発が稼働してまだ四〇年そこそこなのに、「数万年に一回」だったはずのことが現実の話になったからです。

さすがにこれはまずいと思ったのでしょう。福島第一原発事故後、電力会社側の主張は大きく変化します。

「福島第一原発事故の検証を踏まえて改善しましたので、もう大丈夫です」

「仮にそういう重大事故が起きても、被害が拡大しないよう、シビアアクシデント対策を実施しました」

と言い始めたのです。

もう少し手の込んだ言説も用意されています。

「もはや『絶対に安全』とは決して言えません。でも、科学の進歩にとって『失敗』は必要なことなのです。成功、失敗、改善。成功、失敗、改善……を繰り返す中で、科学は進歩していくのです。その進歩を、たった一回の失敗で諦めてしまってもいいのでしょうか」

という、「科学技術の進歩論」です。高浜原発三、四号機の「運転禁止」仮処分申請の法廷で、関西電力側が繰り広げた主張が、まさにこれでした。その上で、

〝これって、福島第一原発事故の前に書かれた準備書面じゃないの？〟

と見紛《みまが》うような書面を法廷に出してくるのです。

関西電力のこうした主張を、福井地裁の樋口判事は、次のような理由で退けました（以下、判決要旨より抜粋）。

「新しい技術が潜在的に有する危険性を許さないとすれば社会の発展はなくなるから、新しい技術の有する危険性の性質やもたらす被害の大きさが明確でない場合には、その技術の実施の差止めの可否を裁判所において判断することは困難を極める。しかし、技術の危険性の性質やそのもたらす被害の大きさが判明している場合には、技術の実施に当たっては危険の性質と被害の大きさに応じた安全性が求められることになるから、この安全性が保持されているかの判断をすればよいだけであり、危険性を一定程度容認しないと社会の

発展が妨げられるのではないかといった葛藤が生じることはない」

噛《か》み砕いて説明すれば、こうなります。

実際に原発の大事故が起きるまでは、事故収束作業の困難さや被害の大きさが全然分かっていなかったし、裁判所もどう判断したらいいか分からなかったけれど、重大事故が発生したのちは原発の再稼働を許した結果、福島第一原発事故と同規模の事故が再び発生すれば、「社会の発展」以前に社会そのものが滅びかねないし、そんなことは社会として決して容認できないので、裁判所としては、再稼働しても社会が滅びる恐れがないかだけを判断します――。

ということです。「科学技術の進歩論」の詭弁《きべん》は、福井地裁の樋口判事には通用しませんでした。

それでも、この「科学技術の進歩論」によって、うっかり煙に巻かれてしまう裁判官が今後出てこないとも限りませんので、注意が必要です。現に川内原発の仮処分を担当した裁判官はそうでした。

私たちが福島第一原発事故後に「脱原発弁護団全国連絡会」を結成し、全国各地で原発訴訟を提起している話は本章の前半で触れましたが、原発を擁護する側の弁護士たちもまた、チームを組んで原発訴訟に臨んできます。なので、場所が変わっても、原発訴訟で対戦する相手の弁護士はいつも大体同じ顔ぶれです。まるで、全国各地を巡業しながら対戦する大相撲《おおずもう》みたいです。

相手方の〝横綱〟は、山内《やまのうち》喜明弁護士で、彼についた渾名《あだな》は「原子力の守護神」です。山内氏は、私たちが勝利を収めた高浜原発三、四号機の「運転禁止」仮処分申請でも、関西電力の代理人の一人として名を連ねていました。

この他、泊（北海道電力）、大間（電源開発）、東海第二（日本原子力発電）、志賀（北陸電力）、浜岡（中部電力）、大飯（関西電力）、島根（中国電力）、伊方（四国電力）、玄海（九州電力）、川内（九州電力）の原発訴訟に関わっていて、「守護神」と呼ばれているのも頷《うなず》けます。

私たち「脱原発弁護団全国連絡会」が原発訴訟を起こすと、電力会社の代理人として登場してくる常連の法律事務所は、「岩田合同法律事務所」（東京都千代田区丸の内）、「島田法律事務所」（東京都千代田区大手町）、「三宅法律事務所　東京事務所」（東京都千代田区有楽町）、「きっかわ法律事務所」（大阪市北区堂島浜）といった、超一流のところです。彼らの仕事は、私から見れば意外と楽です。なぜなら彼らの背後には、東京大学や京都大学の原子力工学科[*1]を卒業した電力会社の有能な技術者が大勢控えていて、主張や証拠の書面等の作成はその技術者たちが全面的に助けてくれるからです。また、味方をして証言し、鑑定書を喜んで書いてくれる「御用学者」は山のようにいるからです。それに引きかえ、私たち脱原発弁護団は大変です。補助社員はいませんし、味方をしてくれる学者を探し出すのにさえ苦労するからです。

さらに、推進側弁護士は経済的にも恵まれていると思われます。

電力会社も、彼らへの報酬を値切らないでしょう。「総括原価方式」によって、電気料金に上乗せできるからです。

私は、彼らが依頼者の利益を最大限追求すべしという弁護士倫理に違反しているとは思いません。しかしその前に、最低限守られるべき「人間の倫理」というものがあるだろうと思うのです。依頼者の利益を最大限追求した結果、国土を亡《ほろ》ぼしても構わないのでしょうか。私は彼らに問いたい。「あなた方が頑張って再稼働容認判決を勝ち取った結果、実際に再稼働され、その原発が重大事故を起こし、多くの人々が被害に苦しみ、最悪の場合、国が亡んでもいいのか。それで人間として悔いるところはないのか」と。これに対しては、原発推進側弁護士は「だからどうすればいいのだ。受任を断れと言うのか」と反論するでしょう。私はそんなことは言いません。受任を断っても、他の弁護士が受けるからです。そうではなく、私は「原発擁護の訴訟をするにしても、人間としての良心にチクリと痛みを感じながら仕事をしてほしい」と思うのです。

私がなぜそんなことを言うかというと、私は本当に人間としてどう生きるべきかを突き詰めて考え、その結果、自分は原発という人類史上最大の悪に立ち向かうべきだということに思い至って、脱原発運動に取り組んでいるからです。彼らにも一人の人間として、もっと深く考えてほしいのです。

福島第一原発事故が発生してしばらくの間は、原発を推進してきた人たちもさすがに意気消沈していました。彼らもショックを受けていたからです。

それが、事故から四年が過ぎ、最近、裁判で相対する電力会社側の弁護士たちが活気を取り戻しているように見えます。その後ろに控えている電力会社の社員たちの顔も、たいそう元気になったように見えます。それはこの四年の間に、原発の再稼働をあからさまに支援する自民党が政権を奪還したからです。

政治の舞台で原発の再稼働を止められないのであれば、司法（裁判）の舞台で頑張って止めていくしかありません。もう一度、福島第一原発事故のような破局的事故が起きるというのは、何としても回避したいのです。

＊1　原子力工学科　一九八六年に発生したチェルノブイリ原発事故の影響を受け、各大学にあった原子力工学科の人気は暴落し、学科の名称を変更する大学が続出した。例えば東京大学の場合、一九九三年に同学科の名称を「システム量子工学科」に変更している。

第三章　映画を通して原発と闘うための「武器」を配りたい

映画『日本と原発』より

なぜ弁護士が脱原発映画をつくったのか?

原発事故から四年が過ぎた今も、マスコミが世論調査をすると、七割から八割の人が脱原発に賛成という結果になります。いくら安倍政権が原発の再稼働に肩入れしようと、そしてマスコミが、

「再稼働やむなし」

という雰囲気を演出しようとしても、国民の大半は「やっぱり原発は嫌だ」と思っているのです。

しかし選挙になると、原発の再稼働を進める自民党が圧勝するわけです。それはなぜかと言うと、脱原発を望む国民の本気度が足りないからだと思います。心からの怒りや恐怖、絶望感や責任感に裏打ちされた「脱原発」ではなく、不平不満レベルの「脱原発」にとどまっているからです。だから選挙の時、積極的に脱原発候補に投票するまでには至らないし、そんな意識の反映として、政権が脱原発に向けて舵《かじ》を切るまでには至らないのです。

脱原発に賛成と言う人々の大半は、

「原発を止めるため、自分にも何がしかの貢献ができる」

とは思っていないでしょう。

「自分がこの国の政策を決める主権者であり、その自分が原発に反対しているのだから、政府が賛成するのはおかしい」

とまでは思いません。だから、安倍政権に「脱原発」は舐《な》められ、無視されるのです。

そんな風潮に対抗し、現実的に脱原発を推し進めるため、私は映画をつくることにしました。司法の場で闘ってきた私が、なぜ映画を撮ることにしたか？　それは、多くの国民に原発の現実を伝えるため、そして私たちは本当に原発で幸せなのかということを問うためです。原発は危険だ、やめるべきだという認識を国民に浸透させ、そして推進勢力の言う「屁《へ》理屈」に逐一、反論できるツールを持ってもらう。それがこの映画の第一の目的です。

映画という手段を選んだのは、ヴィジュアルに訴えることが最も効果的だと考えたからです。三・一一以前にも、そしてその後はさらに多くの原発関連書籍が刊行されました。今、書店で検索しても五〇〇冊以上あります。それでも、原発に対する国民的議論が今一つ盛り上がらない。そのためには視覚に直接的に働きかける映画しかないと思いました。

ただし、いきなり映画を撮ろうと思ったわけではありません。きっかけは、ある知人の言葉です。「そんなに脱原発を訴えるなら、映画をつくればいいじゃないか」と、言われたのでした。

それを聞いたとたん、私はすぐにヴィジュアルの力、つまり映画の持つ影響力に賭けてみようと思いました。製作を決意したのは、二〇一二年四月、映画の完成から二年半ほど前のことでした。

しかし、初めから自分が監督しようとは考えもしませんでした。誰かプロにお願いして、自分はあくまで原案をつくり、プロデュースする立場に徹しようと思っていました。ところが、原子力ムラからの圧力を恐れてなかなか監督してくれる人がいない。それならば自分でやるしかないと腹を括《くく》りました。

門外漢の私が映画を撮ることができたのは、多くの素晴らしい協力者のおかげです。監督補の拝身風太郎氏や、構成・監修の海渡雄一氏、木村結さんには特に助けられました。

映画の重要なシーン

こうして完成したのが、『日本と原発』です。本章では、映画の中から特に重要な場面をいくつか抜粋して紹介したいと思います。

映画はまず、アメリカのアイゼンハワー大統領の有名な演説から始まります。

【Ｓｃｅｎｅ１：オープニング】は、なぜ原子力発電がスムーズに導入されたのかを解説します。

（ナレーション）

一九五三年一二月八日。アメリカのアイゼンハワー大統領は、国連総会でアトムズ・フォー・ピース「原子力の平和利用」を世界に向けて発信しました。

原子力の平和利用とは、核分裂の強大な力で電気をつくり出すことを意味しました。

広島と長崎に原爆投下をされ、太平洋戦争に敗れた日本は、戦争の道具だった原子力技術を平和的に利用することで被爆国の悲しみと敗戦の苦難を克服できるように感

映画『日本と原発』より〔「走るホテル　マンモス原子力列車」岡崎甫雄／画『週刊少年マガジン』1964年8月16日号（第6巻34号）口絵〕

じたのでした。

原子力。それは、資源小国日本を豊かにする夢のエネルギー。

私たち日本人は国を挙げて、原子力発電の推進に舵を切ったのです。

一九五五年、原子力基本法が成立。

一九五七年、茨城県東海村で初めて原子力の灯が点されたことをかわきりに一九六五年には東海発電所で送電に成功。

夢のエネルギー開発は明るい未来、来るべき科学万能の世界を予感させたのです。

そして一九七〇年の万国博覧会開会式。

福井県の敦賀《つるが》発電所から原子力でつくられた電気が送られ、ついに原子力発電は営業運転を開始しました。
日本国民の多くは、こう感じていました。
原子力の電気で豊かになれる。原発で幸せになれると。

このように、原子力の平和利用が謳《うた》われ始めた当初は、限りない可能性を秘めた夢のエネルギーとして多くの人々に歓迎されていたことが分かります。
しかし二〇一一年三月一一日、東日本大震災が発生。福島第一原発の事故により、全ての状況が一変します。映画では、事故発生直後の対応に当たる作業員の様子とその混乱ぶりを伝えるべく、当時記録されていたビデオを基に構成しました。

【Ｓｃｅｎｅ５：国家壊滅危機】は、福島第一原発事故で一番危機的だった場面を描いています。原発推進勢力の反撃を受けないように極めて正確に描いています。この映画の中で一番神経を使った所です。
（ナレーション）

極めて困難な事故収束作業が続いている福島第一原発。

この事故は当初、日本国を滅ぼしてしまう可能性をも孕《はら》んでいました。

東京電力作業員の退避問題と国家壊滅危機。

事故発生当初、第一原発では東京電力の社員七五五人と協力会社の社員約五六六〇人、合わせて約六四一五人が作業に当たっていました。

三号機が爆発した三月一四日から翌一五日までの間、二号機では原子炉破壊の危機が迫っていました。

この間に東電の首脳部は、究極の危機的状況に陥った第一原発から社員の命を守るために全員退避を検討したと考えられています。


（1F福島第一原発技術班）

「これまでの二号機の状況ですけど、一八時二二分くらいに燃料がむき出しになってるんじゃないかと想定しています。そうすると、約二時間で完全に燃料が溶融すると。で、さらに二時間でＲＰＶ（原子炉圧力容器）を損傷ということで。まぁ、二二時過ぎくらいにはＲＰＶが完全に抜ける可能性もあるという非常に危機的な状況であると思います」

（ナレーション）

当時の第一原発所長・吉田昌郎《まさお》氏は、この時の状況をこう回想しています。

（吉田所長）

「完全に燃料露出しているにもかかわらず、減圧もできない、水も入らないという状態が来ましたので、私は本当にここだけは一番思い出したくないところです。ここで何回目かに死んだと、ここで本当に死んだと思ったんです」

（ナレーション）

二号機の危機を知った東電の清水正孝社長は、一四日の一九時以降、原子力安全・保安院と官邸に向けて、第一原発からの退避に同意を求める電話を繰り返しかけてい

映画『日本と原発』より（吉田昌郎所長　撮影／相場郁朗）

ました。


（清水社長）

「二号機が厳しい状況であり、今後、ますます事態が厳しくなる場合には、退避も考えている」


（ナレーション）

これに対し、経済産業省の海江田万里大臣は「残っていただきたい」と断ったと言います。

その前後、東京電力本店と第一原発の間では、〝全員のサイトからの退避〟について次のようなやりとりが記録されています。

（一九時二七分、オフサイトセンター小森明生常務）

「退避基準というようなことを誰か考えておかないといけないし」

「発電所のほうも中操（中央制御室）なんかに居続けることができるかどうか、どっかで判断しないと、おー、すごいことになるので、退避基準の検討を進めてくださいよ」

（一九時五五分、東電本店高橋明男フェロー）

「武藤（栄副社長）さん、これ、全員のサイトからの退避というのは何時頃になるんですかね」

（二〇時一六分、東電本店高橋明男フェロー）

「今ね、1Fからですね、いる人たちみんな2F（福島第二原発）のビジターホールに避難するんですよね」

（二〇時一九分、東電本店清水正孝社長）

「本部長の清水です。吉田さん、聞こえますか」

（同時刻、1F吉田昌郎所長）

「はい、聞こえます。吉田です」

（同時刻、東電本店清水正孝社長）

「あのー。現時点でまだ最終避難を決定しているわけではないということをまず確認してください。えー、それで今、あのーしかるべきところと確認作業を進めております」

（ナレーション）

「最終避難」とは作業員のほとんどの退避を意味し、「しかるべき所」とは（首相）官邸にほかなりません。

翌一五日午前四時一七分、清水社長は首相官邸に到着し、菅直人総理と会談しました。

菅総理は挨拶《あいさつ》したあと「撤退等あり得ませんから」

いきなり結論を述べました。

清水社長は、意外にも「はい、分かりました」と応じたと言われています。

この時、官邸に集まっていた政治家たちは一致して、東電が壊れてゆく原子炉を放棄して、撤退するつもりであると判断していました。

清水社長との会談の後、午前五時三〇分過ぎ、菅総理は東電本店へ出向いて演説を行いました。


（菅総理）

「今回の事の重大性は皆さんが一番分かっていると思う。

これは二号機だけの話ではない。二号機を放棄すれば一号機、三号機、四号機から六号機、さらには福島第二のサイト、これらはどうなってしまうのか。これらを放棄した場合、何ヵ月か後には全ての原発、核廃棄物が崩壊して放射能を発することとなる。

チェルノブイリの二倍から三倍のものが、一〇基、二〇基と合わさる。

日本国が成立しなくなる。

何としても、命がけで、この状況を抑え込まない限りは。

皆さんは当事者です。命を懸けて下さい。逃げても逃げ切れない。

情報伝達が遅いし、不正確だ。しかも間違っている。

皆さん、萎縮しないでくれ。必要な情報をあげてくれ。

目の前のことと五時間先、一〇時間先、一日先、一週間先を読み、行動することが大切だ。

金がいくらかかっても構わない。東電がやるしかない。日本が潰れるかもしれない時に、撤退はあり得ない」

（ナレーション）

この演説の直後、午前六時一〇分頃に一、二号機と三、四号機の中央制御室で、大きな衝撃音と振動が確認されました。原因は四号機の水素爆発であると推測されています。

また、同じ頃に二号機原子炉から大量の放射性物質が噴出した可能性があり、六時二〇分過ぎからモニタリングポストで放射線量の急激な上昇が確認されています。

この時点で第一原発にいた七二〇人のうち、六五〇人が一〇キロメートル南に離れた第二原発へ退避し始めました。

この六五〇人の行動は、現場が極度の混乱状態に陥り、吉田所長の命令さえ、末端にまで正確に伝わらなかったことを表わしています。

吉田所長は、部下への命令・伝達がままならないこの時の状況を次のように語っています。

（吉田所長）

「本当は私、２Ｆに行けと言っていないんですよ。退避をして、車を用意してという話をしたら、伝言した人間は、運転手に、福島第二に行けという指示をしたんです。

私は、福島第一の近辺で、所内にかかわらず、線量の低いようなところに一回退避して次の指示を待てと言ったつもりなんですが、『2Fに行ってしまいました』と言うんで、しょうがないなと。2Fに着いた後、連絡をして、まずGM（グループ・マネージャー）クラスは帰ってきてくれという話をして、まずはGMから帰ってきてということになったわけです」

（ナレーション）
また、吉田所長は回顧して、第二原発に退避した六五〇人の行動も合理的であり、理解できるとも言っています。

（吉田所長）
「確かに考えてみれば、皆、全面マスクしているわけです。それで何時間も退避していて、死んでしまうよねとなって、よく考えれば2Fに行ったほうが遥かに正しいと思ったわけです」

（ナレーション）

自分の命令通りにならなかった状況について吉田所長は後に認めたのです。

六五〇人もの人員がいなくなった第一原発は、残った七〇人だけで事故の対応ができていたのでしょうか。

放射線量が極度に高く観測されている一五日午前七時二〇分からのおよそ四時間の間は、原子炉内の水位や圧力を測定したパラメータ（情報）は記録されていません。

（吉田所長）

「中央操作室（中央制御室）も一応、引き上げさせましたので、しばらくはそのパラメータは見られていない状況です」

（ナレーション）

中央操作室に居続けることができないほどの放射線量の中で、吉田所長ら七〇人は、打つ手のない状況にあったと推測できます。

また、その心情は、沈みゆく船と運命を共にする船長と乗組員たちのような覚悟だったのかもしれません。

極めて幸運なことに、なぜか一五日の正午過ぎから放射線量は下がってゆきました。第二原発に退避した人員を徐々に戻すことが可能となり、政府と東電との統合本部の指揮の下、原子炉の冷却と事故収束作業が再開されたのです。

もし、放射線量が上がり続け、残った七〇人が急性放射線障害で死に至っていたら、また、第二原発に退避した人員が戻れずにいたら。

原子炉は次々に崩壊してゆき、日本は国家を消滅させる危機に陥ったかもしれません。

三月一五日の朝、福島第一原発からはほとんど人がいなくなり、この国は危機的状況に陥っていたことが分かります。そして、日本が破滅せずに済んだのは、単なる僥倖《ぎょうこう》にすぎませんでした。人間がコントロールして放射線量を下げたわけではなく、間一髪のところで、それこそ神がかり的に自然と下がってくれたのです。その理由は、今も定かではありません。

つまり、この国は「偶然」によって救われていたのでした。日本の科学力によるものでも、政治力によるものでも何でもありません。

さらに映画では、この事故がどこまで拡大するのか、当時の原子力委員長が作成した最悪のシナリオについても紹介しました。


【Scene6：近藤駿介「最悪シナリオ」】は、原発事故の被害の極大を知る意味で重要です。福井地裁判決、仮処分にも大きな影響を与えています。

（ナレーション）

これは、当時の原子力委員長、近藤駿介氏が作成した通称「最悪シナリオ」と呼ばれる文書です。

震災から二週間後の三月二五日、菅総理大臣に提出されていました。

一号機の原子炉格納容器が水素爆発する可能性と、それに連鎖して起こる最悪の事

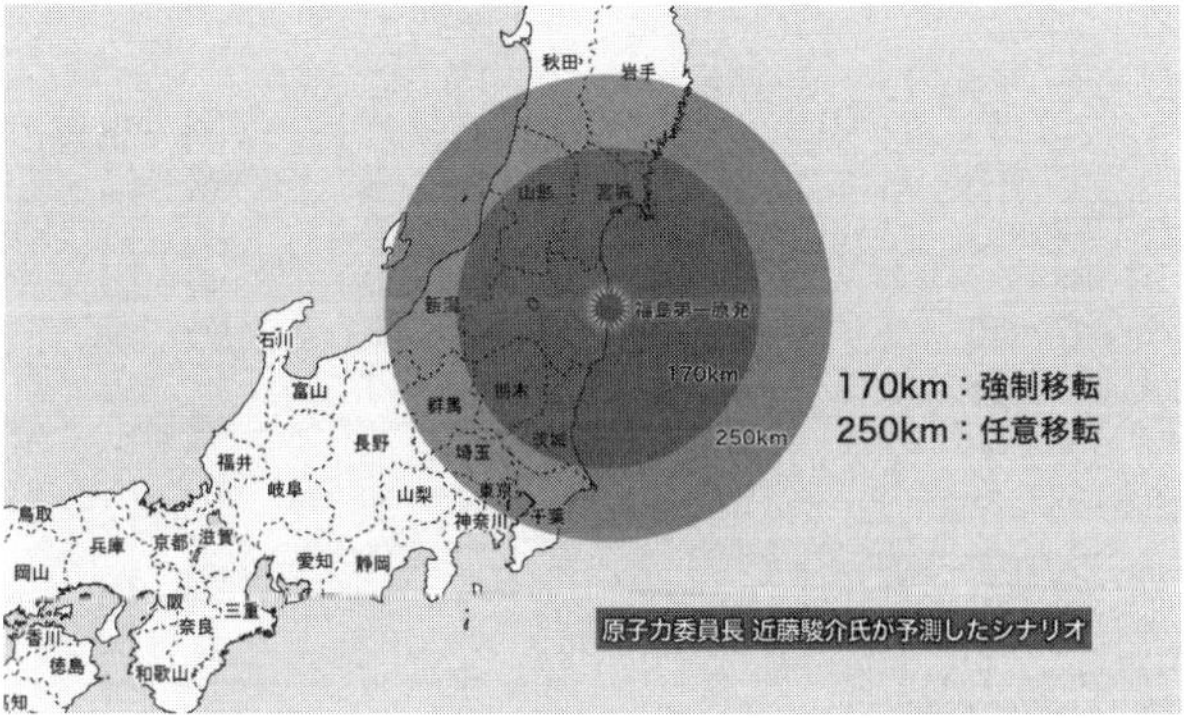

映画『日本と原発』より

態が予測されています。

かろうじて建屋の爆発までにとどまっていた一号機の原子炉では、溶け落ちた核燃料が冷却できず、原子炉格納容器内に水素が充満し、爆発を起こします。

放射線量が極めて高くなるために、事故処理に当たる作業員が、福島第一原発から撤退せざるを得なくなります。

そのために、二号機、三号機の破壊が進むばかりではなく、四号機建屋内の使用済み核燃料プールの冷却水がなくなり、一五〇〇本を超える燃料集合体が燃え出します。

結果的に、一号機から四号機までの全ての核燃料から、想像を絶する量の放射性物質が拡散してゆき、原発から半径一七〇キロメートル内の市民は強制的に避難を余儀なくされ、北は盛岡から、南は横浜までにも及ぶ半径二五〇キロメートルが避難対象地域となる、国家壊滅の危機が予測されていました。

これらの事実は、別段私のスクープでも何でもありません。しかし事故から四年が過ぎた今も大々的に報道されていません。なぜでしょうか。

それは、「日本が今後も原発を続けていくのかどうか」という根源的な問題に直結するテーマだからです。

今のテレビ局では、原子力ムラに配慮して、こうした事実を伝える報道はあまりできないでしょう。

むしろマスコミもまた原子力ムラの構成員と言っても過言ではありません。原子力ムラの勢力図は、我々が考える以上に複雑で、広範囲に及びます。

そこで映画では、原子力ムラの全貌《ぜんぼう》を伝えるために相関図を作成しました。映画を観てくださった方々からも反響が大きく、映画では短い時間しか流れないため、ちゃんと印刷物で見たいという声が多かったので、改めて掲載したいと思います（一一二〜一一三頁）。

【Scene11：政府はなぜ原発を止めないのか〜原子力ムラ】

（ナレーション）

二〇一二年に政権を取り戻した自民党は、福島の事故を忘れたかのように原発ありきのエネルギー政策を進めようとしています。日本政府が、なぜここまで原発にこだわるのか。

それは、国策としての原発推進の歴史が産んだ利益共同体が関係しているのです。

原子力ムラ。

この利益共同体の中心にあるのは電力会社です。

原発の建設や運営に関してメーカーや商社に強大な発注力を持っています。

そしてこれらの企業の元には下請け業者があり、多くの労働者が働いています。

国民が支払う電気料金は、総括原価方式という方法で決められているため、電力会社はかかるコストの約三パーセントの利益を得られる仕組みになっています。

そのために関連する企業はコスト競争のない電力会社との関係を保っています。

電力会社は原発安全安心キャンペーンと呼ばれる広報活動を重視してきました。テレビや新聞等のメディアは、広告会社を通じて巨額の広告収入を得ながら原発安全神話を作り続けてきました。

この映画に引用されている記事、映像等のほとんどは、直接、間接に原発マネーによる安全安心キャンペーンの一環としてつくられているのです。

原発を受け入れる地方自治体。ここには、電力会社からの補助金や寄付が贈られるだけではなく、国から電源三法交付金に基づく巨額の助成金が支払われます。その原資は、国民の税金です。

メガバンクは、電力会社を含む原子力産業各社とメディア関連企業に融資し、金利を得ているため、原子力ムラの金融部門として機能しています。

経団連は、原子力ムラの重厚長大産業とメガバンクの代弁者として原発を推進しています。

原発安全神話をつくる役割の一端を担っているのは、原子力工学や医学等を専門とする大学の学者たちです。

電力会社から研究費や学生の就職斡旋を受けるため、多くの学者は都合の良い意見を発する電力御用学者になってゆくのです。

原子力ムラの中核となるのは、経済産業省を中心とした官僚たちです。

五〇年間原発を推進し続け、今も再稼働を決して諦めようとしない原子力原理主義者です。

彼らには、電力会社に有利な規制や指導を行う見返りとして、関連企業への天下り先が手厚く用意されています。

原発を推進する電力族と呼ばれる政治家や政党は、電力会社に有利な政策や法律を打ち出しています。

政治資金が贈られる上、関連企業の労働組合からも資金の提供、選挙の協力を受けるため、現在の政権は原子力ムラが支えているとも言えるでしょう。

この原子力ムラは日本の経済と政治のおよそ六割を支配するほどの強大な利権構造

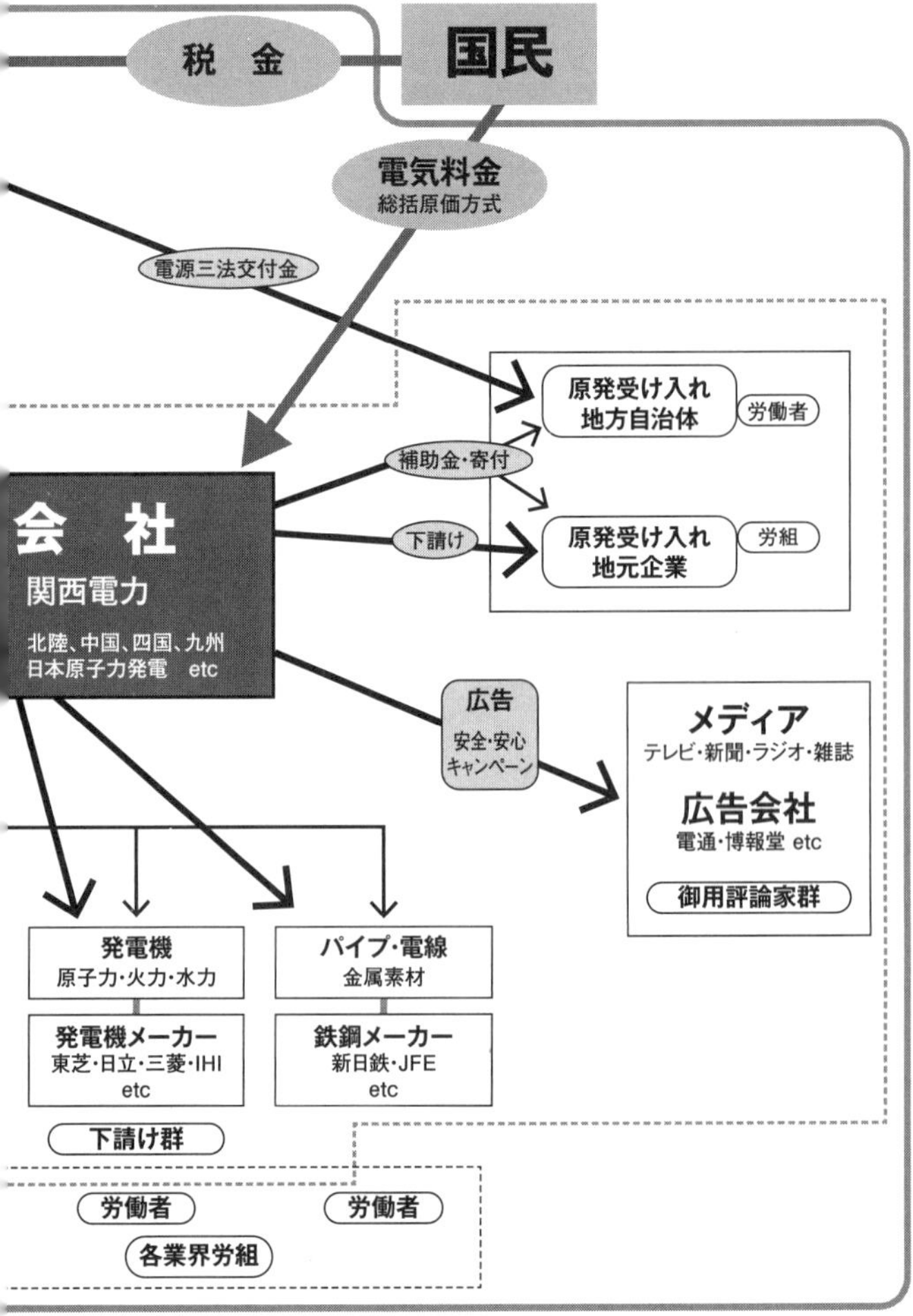
税　金
国民
電気料金
総括原価方式
電源三法交付金
原発受け入れ
地方自治体
労働者
補助金・寄付
会　社
関西電力
北陸、中国、四国、九州
日本原子力発電　etc
下請け
原発受け入れ
地元企業
労組
広告
安全・安心
キャンペーン
メディア
テレビ・新聞・ラジオ・雑誌
広告会社
電通・博報堂 etc
御用評論家群
発電機
原子力・火力・水力
発電機メーカー
東芝・日立・三菱・IHI
etc
パイプ・電線
金属素材
鉄鋼メーカー
新日鉄・JFE
etc
下請け群
労働者
労働者
各業界労組

原子力ムラの相関図

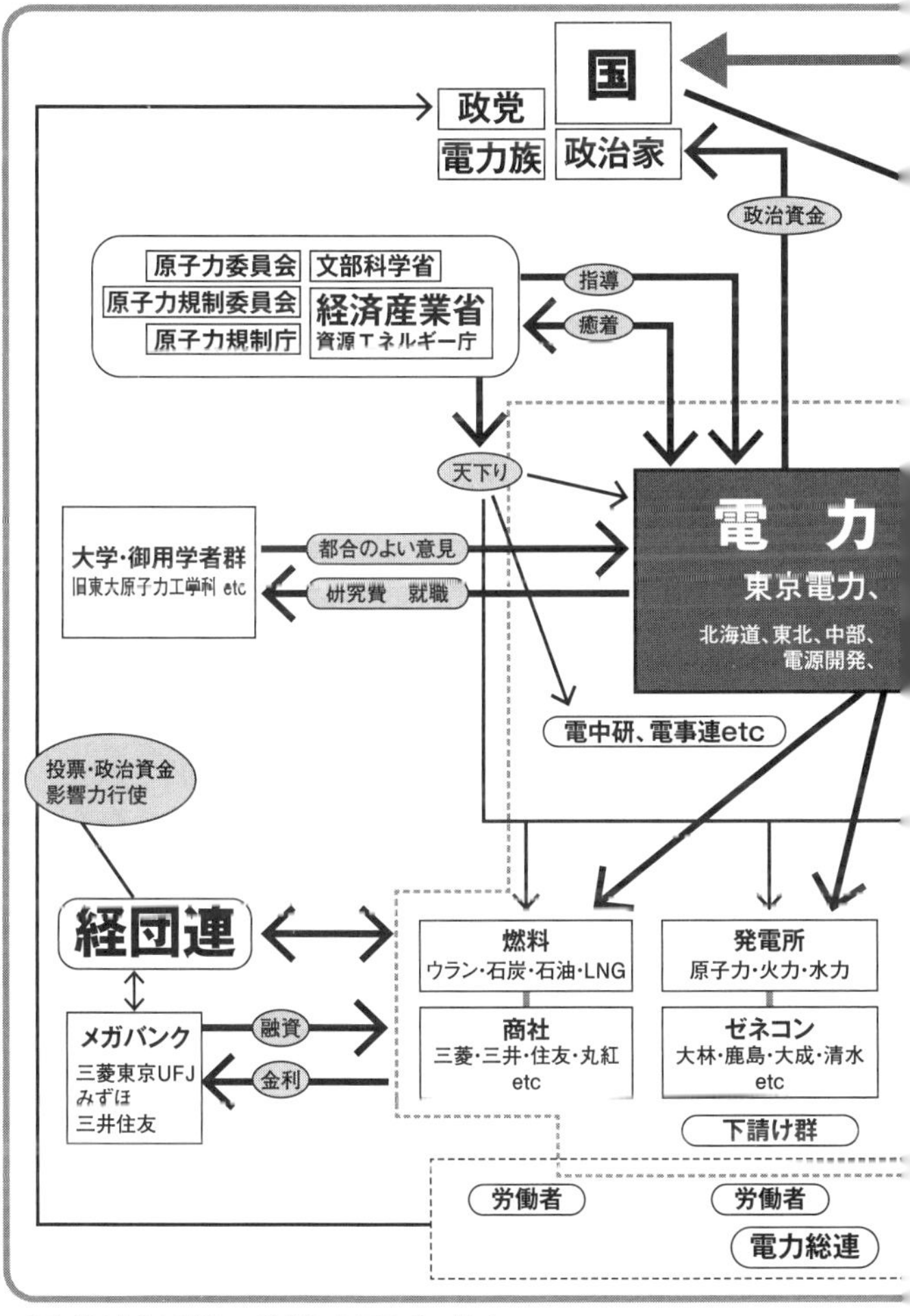

映画『日本と原発』に登場した図を基に作成

です。

そして、この構造を支えているのは、原子力ムラに属さない多くの国民が支払う電気料金と税金なのです。

これらの原子力ムラの人々が主張する原発の正当化理由に、「永久エネルギー構想」があります。映画の中では、私自身が解説者となって、その具体的な内容と、この構想がすでに破綻《はたん》していることを説明しました。

【Scene13：自己完結型永久エネルギー構想と核兵器開発】

（河合解説　自己完結型永久エネルギー構想について）

「それでは、日本の原発推進勢力が言う、原発の正当化理由を説明します。それは、まず日本は資源小国だというところから始まります。そしてその悲哀から脱する、その状態から脱するには、自己完結型永久エネルギー構想でいくしかないんだということになります。

この自己完結の自己というのは、日本の中でという意味です。それはどういうことかと言うと、まずウランを輸入します。そしてそれを軽水炉、日本のいっぱいある原発の中で燃やします。そうすると使用済み燃料が出てきます。それを再処理します。そして、プルトニウム燃料が出てきます。MOX燃料とも言います。仮にその量を一〇〇とします。それを高速増殖炉で燃やします。そうするとまた、電気が出てきて、使用済み燃料が出てきます。この使用済み燃料を再々処理します。その結果またプルトニウム燃料が出てきます。

それは、さっきの一〇〇と比べると、プラスアルファ増えます。これががーっとこう増えます。これがまた高速増殖炉で燃やされます。そうすると、それがまた使用済み燃料が出てきて、再々再処理をします。そうすると、これがまたプラスアルファアルファになっていく。その結果ぐるぐるぐるぐる回っていって、燃やせば燃やすほど、使えば使うほど核燃料が増えていく。これが自己完結型永久エネルギー構想。

これが理想的に運べば、確かに日本は一旦ウランを輸入してこの回転の中に入れたら、永久に増え続けるわけですから、もう電気のことは全く心配ないということにな

映画『日本と原発』より

るんですね。でも、これは文字通り、ここに絵に描きましたけど、絵に描いた餅《もち》です。実際には完全な失敗をしているのです。

まずこの再処理ですが、日本ではこれは六ヶ所村でやっています。この六ヶ所村の再処理施設は、完全に失敗しています。二十数回も完成を延期し、予算も二倍にも三倍にもなっています。不可能と言っていい。もう絶望的な状況です。

それから、この構想の胆《きも》の第二は高速増殖炉なんですが、これは日本で言うと『もんじゅ』です。完全に失敗して重大な事故を起こして今も停止中です。世界中この高速増殖炉については失敗をしています。あのフランスでさえ、完

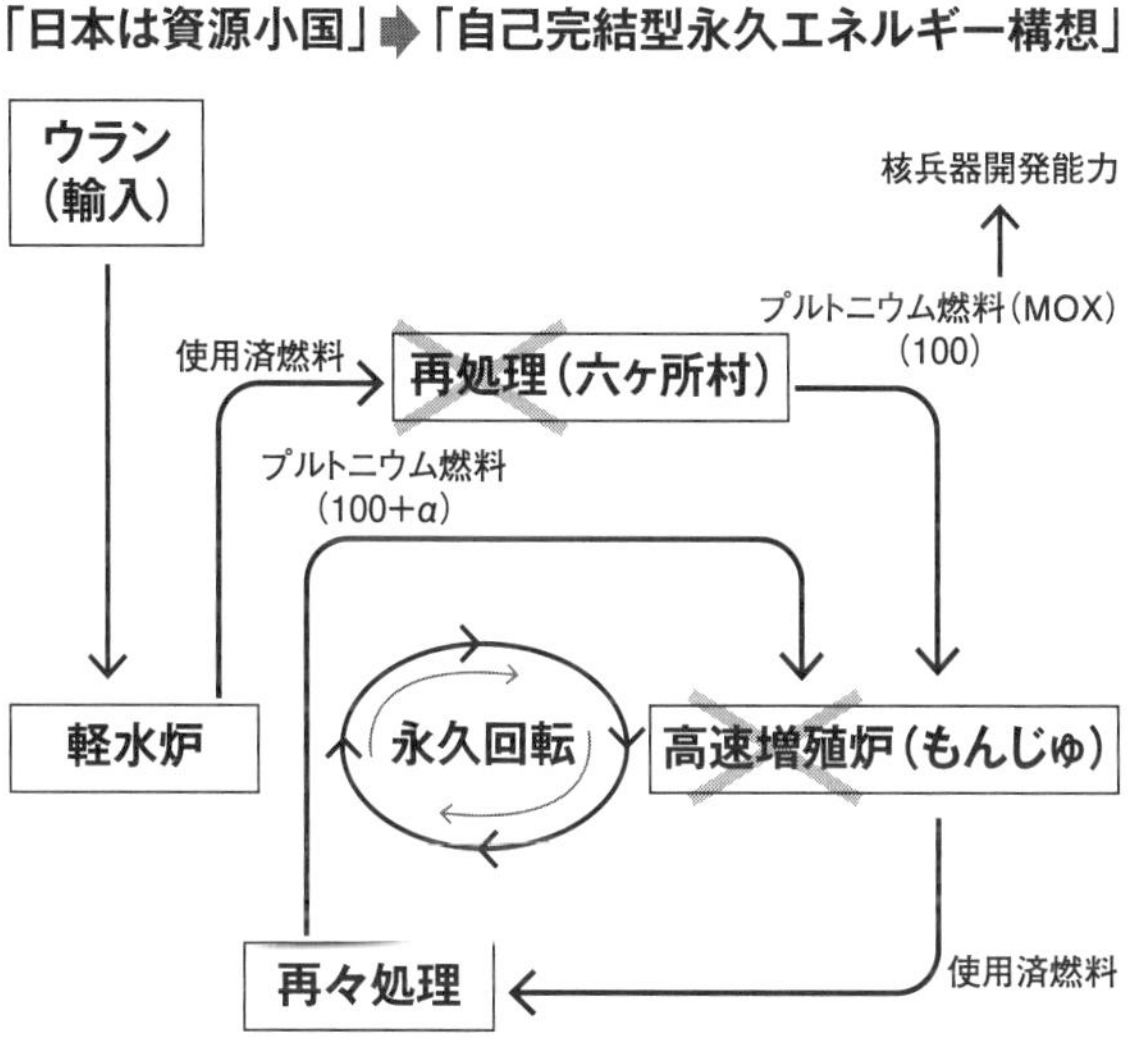

映画『日本と原発』に登場した図を基に作成

全に諦めました。

世界中でまだ高速増殖炉をやろうとしているのは日本だけだと言っても過言ではありません。これが成功する見込は全くない。これは官民揃って認めざるを得ないところです。

自己完結型永久エネルギー構想というのは、実際には完全に潰れているんですが、推進側はこれを諦めようとしません。何故かと言うと、これを諦めると原発をする正当理由がない。原発はただの石炭とか石油と同じで、いずれなくなってしまうものということになってしまうからです」

（河合解説　核兵器開発について）

「次にですね、日本が原発を始めた第二の理由、影の理由について申し上げます。これ（自己完結型永久エネルギー構想）は表向きの理由だったんですが、もう一つ、裏に理由がありました。それはここです。このプルトニウムを取り出して、それを扱う能力を蓄えておくことによって、核兵器の開発能力を密かに持っておきたいという欲求がありました。

当時の政府にはそういう欲求が確実にあったのです。しかしそのことを言うと、当時の平和勢力、いわゆる平和勢力に叩かれますので、そのことは完全に伏せていたのです。伏せていても、この自己完結型永久エネルギー構想で、原発の推進がどんどん上手くいっていたので、敢えてこの核兵器の開発能力ということを言う必要がなかったのです。

ところが、三・一一の事故が起きて、原発が日本からなくなりそうだということになった時に、この核兵器開発能力を重視する勢力は、一斉に言い始めました。〝この核兵器開発能力を持っていることが、核抑止力になるんだ〟と。〝従って、これを失ってはいけない、だから原発を止めてはいけないんだ〟ということを、あからさまに言うようになったのです。

それは、新聞で言うと読売新聞とか自民党の石破（茂）さんとか、それから前回（二〇一四年）都知事選挙に出た田母神（俊雄）さんなんかが、そういうことをあからさまに主張するようになりました。

しかし、世界で唯一の被爆国である日本の国民としては、核兵器開発能力を持って、いざとなれば核兵器をつくるんだというようなことは、到底許されることではないんではないかというふうに、私は思います」

通常の映画では、監督自ら画面に登場することはないと思いますが、この解説は分かりやすいと好評をいただきました。このシーンは「河合塾」と呼ばれています（笑）。

他にも、映画ではいくつか「河合塾」が登場します。シーンの順序は前後しますが、ま

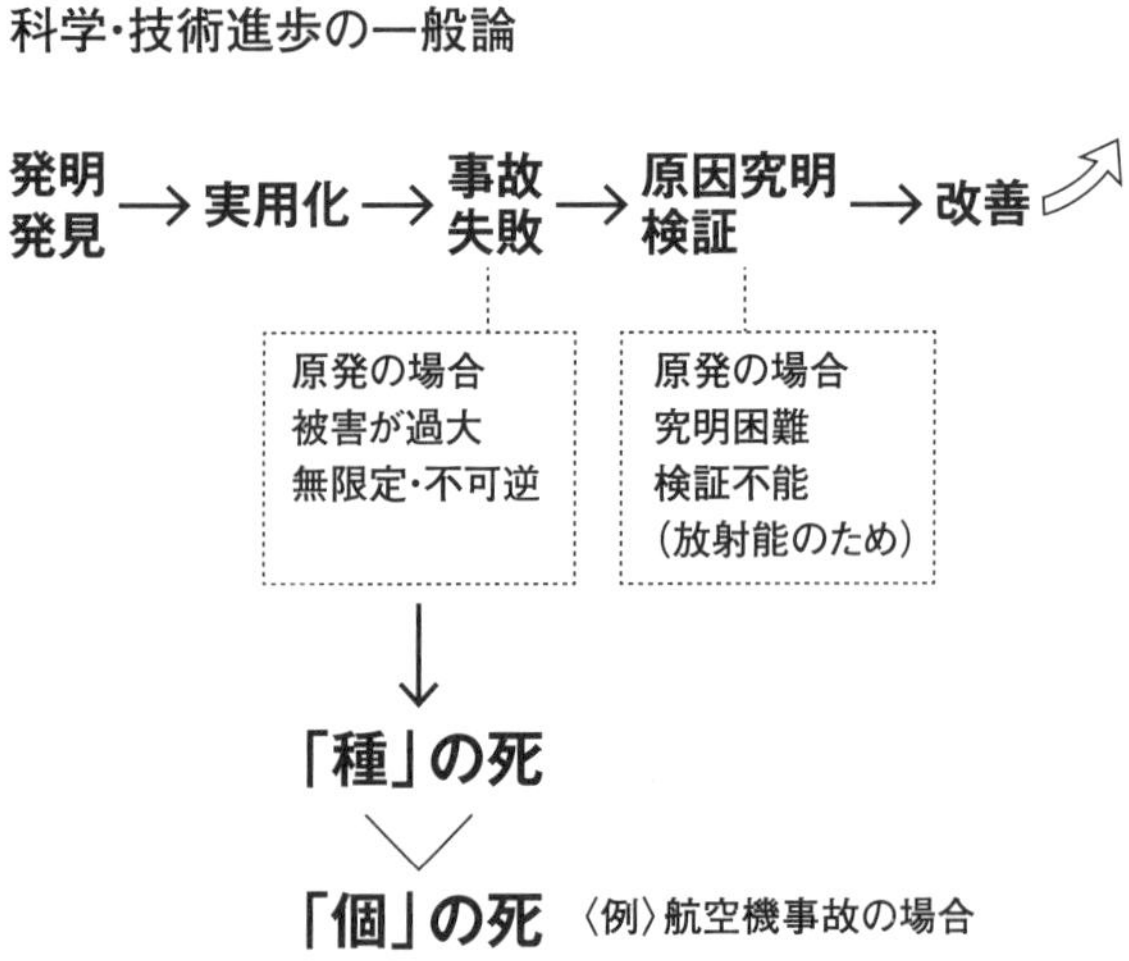

映画『日本と原発』に登場した図を基に作成

とめてご紹介したいと思います。

【Scene15：原発における〝科学・技術の進歩〟を問う】

（河合解説　原発を一般の科学・技術の進歩論にあてはめてはいけない）

「では、今から原発推進の人たちが言う、原発擁護論の一つを説明します。

　科学・技術の進歩の一般論ということになります。科学・技術というのは、まず発明発見がある、そしてそれが実用化される。しかし、どこかで事故や失敗が起きる。その原因を究明し検証する。それに基づいて改善をして進歩していく。その繰り返しで科学や技術が進歩してきたんだと。だから、たった一回の原発事故で諦めちゃいけないんだということを言うわけですね。

でもそれは、科学技術進歩の一般論、すなわち航空機や自動車の場合などと原発を混同する間違えた理論だというふうに考えます。

原発の場合、被害が無限定、場所的にも、それから時間的にも無限定で、そして不可逆、元に戻らない損害なんです。それは、チェルノブイリだとか福島原発の事故とかを見れば明らかなことです。

そしてそれは、種の死をもたらす危険があるんです。種の死というのは、これは別の言葉で言えば、人類。人類全体を滅ぼすかもしれないということです。それぐらい大きな被害になる恐れがあるんです。

他方、一般理論が当てはまる航空機や自動車の場合は、どんなに被害が大きくても、個の死にしかいきません。飛行機事故で数百人死んだりすることがあります。そのことは大変悲しいことですけども、それが人類の真の危険を引き起こしたり、国が滅亡する危険を引き起こしたりすることはないのです。

もう一つ、原発と航空機、自動車などが違うのは、事故の原因究明ができないということです。原発の場合、事故の原因究明が極めて困難で、現場での検証がほとんどできません。それは放射能のためです。

現に、福島原発でも、現場検証は未だに行われていない。検察庁も警察もそれができない。そういう状況にある。従って、本当の事故の詳細が分からない、だから改善の方法も非常に分からないということになります。

そういう意味で、科学・技術進歩の一般論を、原発に当てはめることが非常に誤りである。ということが、これでお分かりいただけたのではないかと思います」

【Scene23：国富流出？】

（河合解説　安倍首相の国富流出論を問う）

「安倍首相が〝再稼働しなきゃいけない〟という理由として強く主張していることについて説明します。

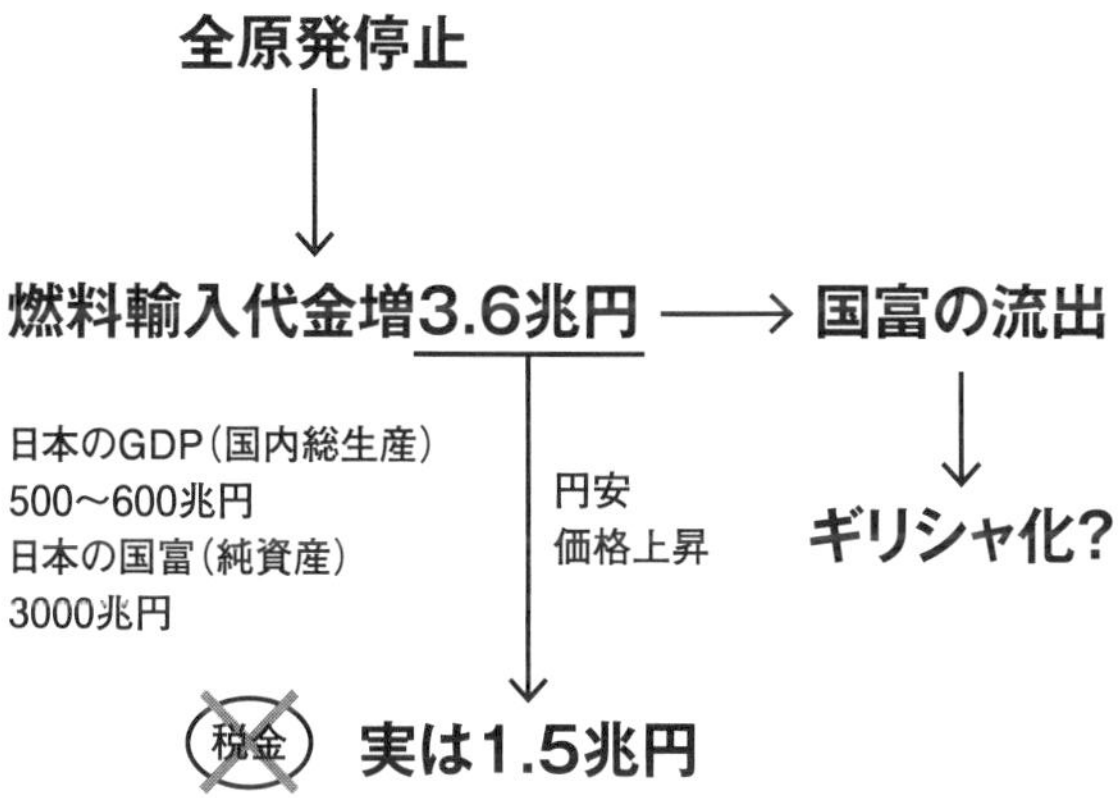

映画『日本と原発』に登場した図を基に作成

今、全原発が停止しているわけですが、全原発が停止すると、化石燃料の輸入代金が非常に増えるんだと。その増えている金額が三兆六〇〇〇億だと。毎年これだけ出ていって、国費が流出しているんだと。ギリシャみたいになるぞと、債務超過国となって、日本の経済は崩壊するぞと、いうようなことを言っているんです。

確かに三兆六〇〇〇億ぐらい増えているんですけど、その原因の多くは円安と、それから化石燃料自体の価格上昇によるものです。その分を差し引くと、実は全原発停止していることによる、輸入代金増は一兆五〇〇〇億ぐらいなのです。三兆六〇〇〇億にしても、それから一兆五〇〇〇億にしても、日本の経済力全体から比べると、大した数字ではないのです。

日本のGDP、すなわち国内総生産は、一年間で五〇〇兆円から六〇〇兆円ありま す。六〇〇兆円を生み出すために、三兆六〇〇〇億とか、一兆五〇〇〇億がコストとして増えたというのにすぎないのです。ですから、〇・五パーセント以下のコスト増にすぎません。数字的に見ると、決して大きい数字ではないのです。

また、この三兆六〇〇〇億や一兆五〇〇〇億が、税金で賄われているわけではないんだということを、よく認識してもらいたいと思います。

何によって賄われているかと言うと、日本国の日本の経済全体によって賄われているんだということを理解してもらいたいと思います。

また、日本の国富の流出だと、こう言いますけども、日本の国富っていくらぐらいあるんだと言いますと、実は三〇〇〇兆円もあるんです。国富というのは、日本の資産から負債を引いた、純資産のことです。その三〇〇〇兆円の内の三兆六〇〇〇億や一兆五〇〇〇億円を削り出すことによって、日本の国の安全が当面守られるんであるとすれば、それは決して高いコストとは言えない。
安倍さんは、この三兆六〇〇〇億という一見大きな数字を強調して、国民を、いわば脅かしている、脅していると言っても差し支えないと思います。私たちは冷静に、数字でものを考えるべきです」

以上が「河合塾」です。この映画をつくる時、私自身、心に留《とど》めたことは、感動を呼ぶ映画をつくるのではなく、原子力という科学的にも政策的にも分かりにくいものを、徹底的に分かりやすく伝えようということでした。ですから、この「河合塾」のように、本編では随所に、視覚的に分かりやすい見せ方となるよう工夫しました。これから紹介する世界の震源図と原発立地帯の比較もその一つです。

【Ｓｃｅｎｅ16：浜岡原発と南海トラフ大地震】
（ナレーション）
これは、マグニチュード四以上の地震が起きた地点（本書では薄い、小さな点）を示

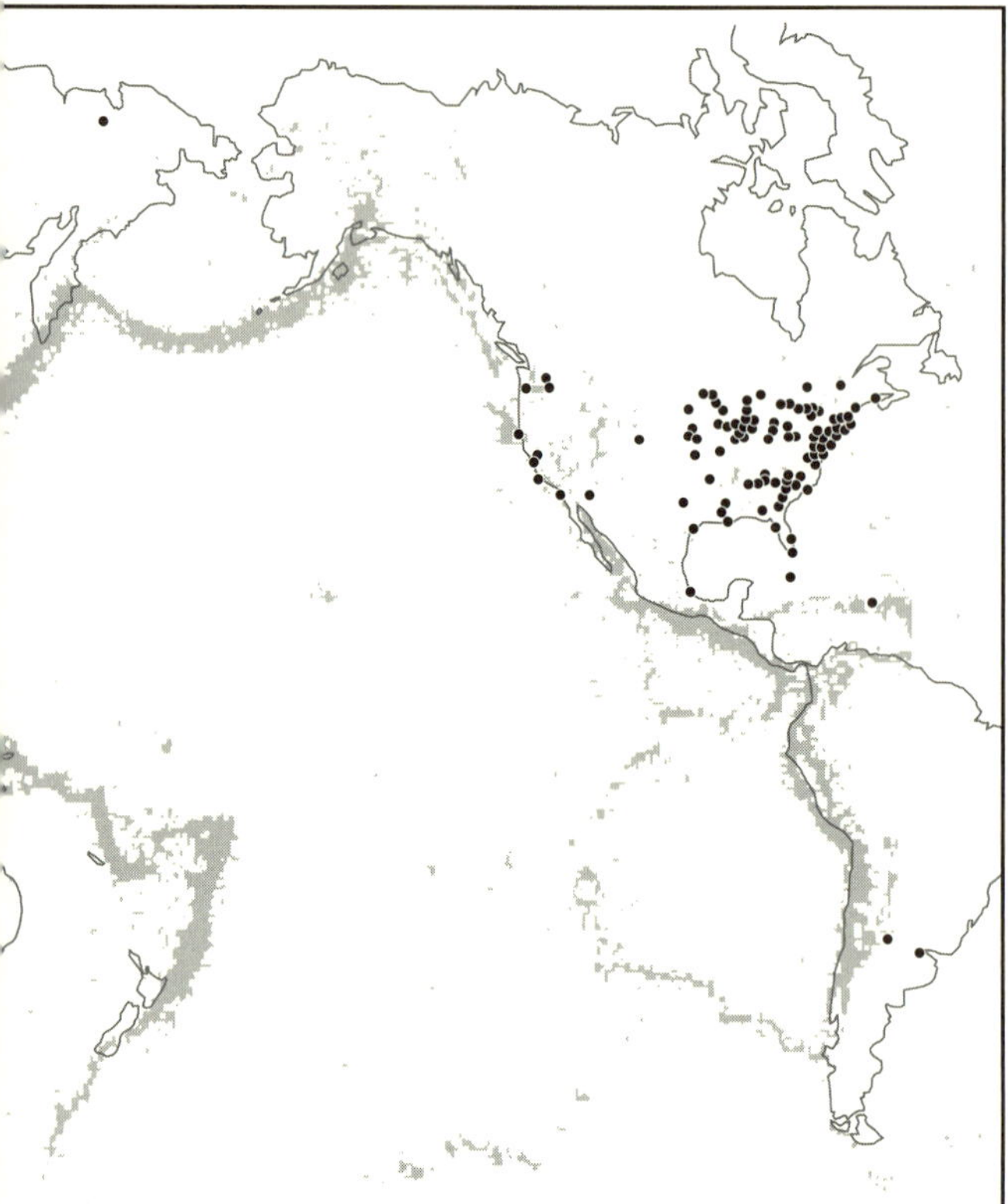

映画『日本と原発』より（震源図は『理科年表　平成23年版』、原発立地帯は茂木清夫氏が作成した図を基に作成）

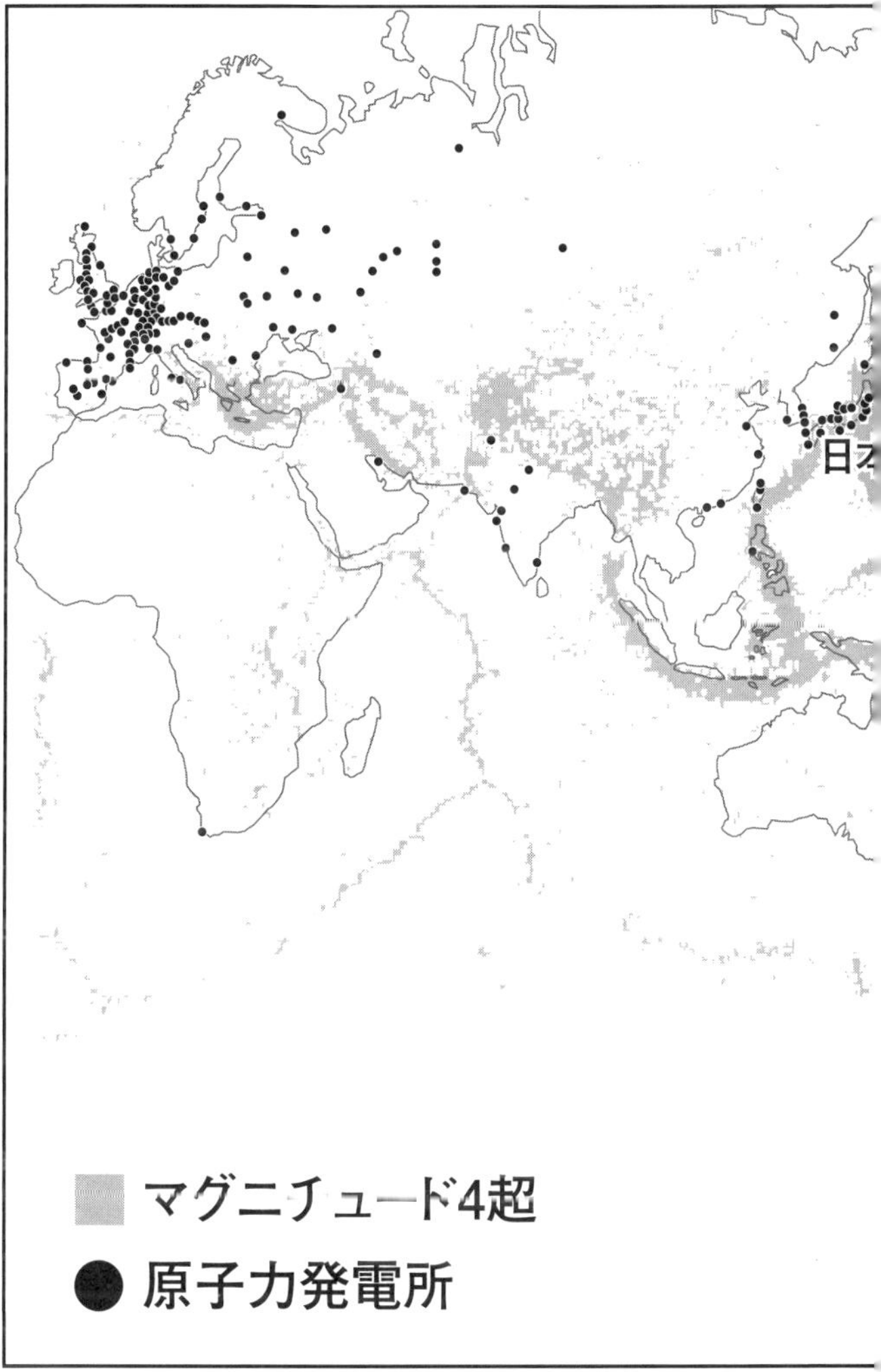
日本
マグニチュード4超
原子力発電所

す、世界地図です。

地震を起こす四つの巨大プレートがひしめきあう日本は、世界平均の一三〇倍と言われる地震大国です。

赤く印された点は原発です（本書では●で表示）。

日本には五四基もの原発があります。

地震多発国の中で原発を大量に所有している国は日本だけです。

日本の原発は、世界的に見ても最も危険な存在なのです。


この先の三〇年間に八七パーセントの確率で起こると言われている南海トラフ大地震。

マグニチュード九を超える巨大地震の被害で最も危険とされる原発が静岡県の御前崎市にあります。

中部電力、浜岡原子力発電所。

中部電力は南海トラフ大地震で起こる津波の高さを一九メートルと想定して、沿岸に高さ二二メートルの防波壁を建設しています。

しかし、浜岡原発差し止め訴訟の弁護団は、原子力規制委員会のつくった津波審査ガイドを分析した結果、津波の高さを最低限四二メートルに見積もるべきであり、六三メートルまで達することも想定されると中部電力に警告しています。

四〇メートルを超える津波が起きた場合、この防波壁は砕け、押し流され、原子炉建屋に激突する可能性さえあります。

懸念される事故の形の一つに、三、四、五号機の原子炉建屋内に冷却貯蔵されている六五〇〇本を超える使用済み燃料の発火があります。

貯蔵プールの冷却水が建屋の崩壊でなくなり、燃料が燃え出し、放射性物質を拡散したらどのような被害が起きるのでしょうか。

浜岡原発の北二〇キロメートル圏内には、東海道新幹線と東名高速道路が通っています。

日本の動脈路は切断され、大量の放射性物質がその時の風向き次第で名古屋へも東京へも拡散して行きます。

そして、その拡散範囲が首都圏に達する半径二五〇キロメートルに及べば、国家機能は壊滅してしまいます。

浜岡原発の再稼働を阻止することはもちろん、南海トラフ大地震の前に浜岡原発からすべての核燃料を運び出す必要があるのです。


フランスをはじめ、ヨーロッパでは今も原発を続けているではないかという指摘がありますが、この図を見れば、これらの国では、ほとんど大きな地震が起こっていないことが一目瞭然です。

そしてもう一つお伝えしたいのが、今も福島第一原発から流れ続けている汚染水問題です。映画製作でも協力してくれた海渡弁護士が、この問題がなぜ生じたのか図を使って解説しています。

【Scene19：汚染水問題】

（海渡解説　地下水問題、汚水タンク問題、遮水壁問題）

「福島第一原発というのは、高さ三〇メートル以上の高台のところを、実は二〇メートルも掘り下げてですね、そこに建ててる。掘り下げた工事の段階からですね、地下水が出てきて、その地下水を海に逃すための井戸を掘ったりですね、ポンプを付けたりと、そういうことを建設当初からやっていた原発なんですね。ですから、この原発が事故を起こした後も、地下水の問題を処理しないと大変になるということは、もう最初から分かっていたことでした」

（ナレーション）

「福島第一原子力発電所は、丘の麓《ふもと》に位置しています。降った雨は、地中に浸透して地下水となります。毎日四〇〇トンほどの地下水等が、発電所建屋内に流れ込み、汚染されています。汚染水は、発電所内に溜《た》めなければならないことから、汚染水の浄化と管理への対策は、ますます重要になっています」

（海渡解説）

ユニット	出力（万kw）	建設着工年月	営業運転開始年月	メーカー
1号機	46.0	1967/9	1971/3	GE
2号機	78.4	1969/5	1974/7	GE 東芝
3号機	78.4	1970/10	1976/3	東芝
4号機	78.4	1972/9	1978/10	日立
5号機	78.4	1971/12	1978/4	東芝
6号機	110.0	1973/5	1979/10	GE 東芝
出力合計　469.6万kw				

夏期最高海水温25℃　高極潮位（チリ地震）OP+3,100
冬期最低海水温 9℃　高極潮位（チリ地震）OP−1,900

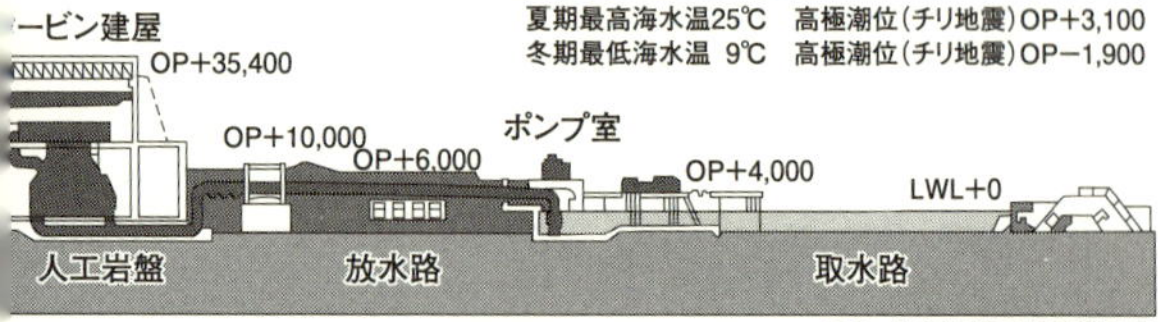

OP=小名浜港工事用基準点

「これだけたくさんタンクが建ち並んでできているわけですけれども。このタンクの作り方に大きな問題があったと思います。こういう本当に、仮設タンクなんですね。長期間使うというようなことは全く予定していなくて、数年で用をなさなくなる、漏れ出てしまうということは最初から分かっていて。基礎に亀裂がきたりですね、地盤の沈下が起きたりですね、こういうことが最初から起きていたと。

　もう一つですね、大事なことは、東京電力は、実は二〇一一年の六月

福島第一原子力発電所主要部の断面

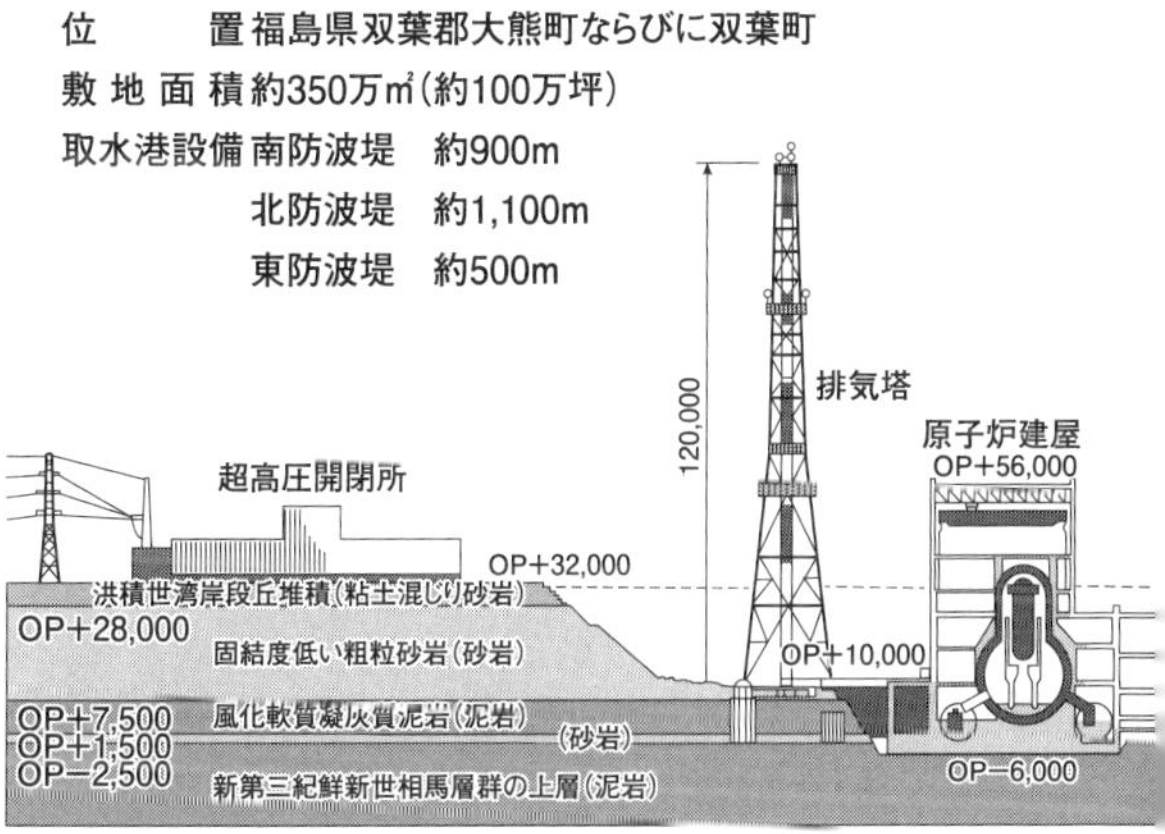

映画『日本と原発』に登場した図（出典は『福島原発で何が起こったか』淵上正朗、笠原直人、畑村洋太郎著。日刊工業新聞社、2012）を基に作成

に、地下にですね、スラリー壁という壁を、建物の四方に巡らせるという計画を立てていました。この計画は、その時点でやれば非常に良かったと思うんですね。

ところが、これをやると一〇〇〇億円ぐらいのお金がかかってしまうと。そうすると当時、二〇一一年の六月と言うと、東京電力の経営が非常に厳しくなると言われていた時期なんですけども、株主総会を前にして経営破綻というふうに言われかねないということで、記者発表を差し止めて先送りさせたという経緯があります。
これをやったのが、東京電力の当時の武藤副社長ではないかというふうに言われているんですけども、遮水壁を築くという計画そのものがですね、実行されることなく、その後二年以上経過して、汚染水漏れが発覚するという事態になっていったと。福島原発告訴団ではですね、東京電力の非常に重大な公害犯罪、環境犯罪になるのではないのかというふうに思って、刑事告発をしております」

以上、映画から重要なシーンを抜粋して紹介しました。他の映画ではあまりないと思いますが、図を多用した解説が多く、書籍でじっくり読みたいと要望の多かった場面を中心に取り上げました。映画と合わせてご覧いただくと、さらに理解が深まると思います。

日本で「脱原発映画」は製作できない？

ところで、『日本と原発』の福島県内のシーンは、福島第一原発から北へおよそ七キロメートル向かったところにある浪江《なみえ》町請戸《まちうけど》地区の話から始まります。ここで、原発事故特有の悲惨さ・残酷さを象徴する出来事が起きていたからです。

請戸地区は、大地震で発生した推定一五・五メートルという巨大な津波に襲われました。その津波は、六〇〇軒以上の家屋と大勢の人々をのみ込んだのです。

引き潮が収まった後、地元の消防団員たちによる行方不明者の懸命な捜索が始まりました。瓦礫《がれき》の間や流された車の中から、多くの人々が救出されましたが、捜索は難航を極めました。そして三月一一日午後一〇時半頃、消防団は捜索活動を一時中断し、翌早朝から再開することとなりました。その日の夜、暗闇に包まれた海岸には、救助を求める車のクラクションがいくつも、いつまでも鳴り響いていたそうです。

しかし、翌三月一二日早朝、枝野幸男官房長官（当時）が緊急記者会見を開き、福島第一原発一号機の原子炉格納容器の圧力が高まっている――つまり、原発が爆発する恐れがある――として、同原発から半径一〇キロメートル圏内に暮らす全ての住民に対して、圏外に避難するよう求める指示が出たのです。

これにより、およそ七キロメートルの地点にあった請戸地区は丸ごと「避難区域」に指定され、夜明けから再開される予定だった行方不明者の捜索ができなくなりました。原発事故が邪魔さえしなければ、救出できた人はもっと大勢いたはずなのです。

やむなく住民たちの避難誘導をしなければならなくなった消防団員たちの中には、助けを求めて物を叩《たた》く音や、言葉にならない呻《うめ》き声を聞きながら、見殺しにせざるを得なかったという人もいます。

「助かった人は、何人か間違いなくいたと思うんですよね」

と、私の取材に答えてくれた消防団員が言いました。

請戸地区で行方不明者の捜索が再開されたのは、大津波の襲来から一ヵ月後の四月一四日のことでした。捜索再開のきっかけは、四月一日に現地に入ったフォトジャーナリスト・豊田直巳さんたちの取材により、請戸地区の放射線量が比較的低いということが分かったからです。

一ヵ月間も放置されていた遺体はすでに腐乱していて、とても直視できるものではなかったそうです。この時の取材で豊田さんが撮影した写真を私も見せてもらいましたが、瓦礫の間から覗《のぞ》いている手や足が、とてもこの世の光景とは思えませんでした。

映画『日本と原発』では、その貴重な写真の中の一枚を転載させていただきました。原発事故が招いたこの光景もまた、日本国民ならばしっかりと目に焼きつけ、絶対に忘れてはならないことなのです。

しかし、こうした写真がマスコミ報道に載ることは、まずありません。報道機関はきっと、

「お茶の間では、残酷で見るに耐えないものだから」

とか言い訳するのでしょう。でも、この残酷なところこそが、原発事故の真実なのです。こういう光景を大画面で見せて、残酷さを伝えられる。それが映画をつくることの大きな意味でもあります。

浪江町の沿岸では、二〇一一年四月の捜索再開から同年九月までの五ヵ月間に、子どもや高齢者を含む一八〇名以上もの遺体が見つかりました。しかし、こうした「数字」をマスコミが報じても、悲惨な現実なのにまるで他人事のように思えてくるから不思議です。

知った瞬間に、

「もう原発はやめておこう」

と、誰もが思うような決定的事実と、福島第一原発事故からたった四年で、

「再稼働やむなし」

等と他人事のように報じる、傍観者的報道。その二つの間には、「自粛」という深い闇が広がっているのでした。


前述したように、私は感動を呼ぶような映画をつくろうと思ったわけではありません。原発の問題を扱った映画で優れた作品は数多くありますが、観ると大変感動するものの、

「もう原発はやめておこう」

「映画で得た知識があれば、再稼働勢力とも堂々と闘える」

という確信にはなかなか結びつかないのです。


福島第一原発事故によって、一〇万人以上が故郷を失い、事故収束には今後三〇年から四〇年もかかるとされ、福島県の子どもたちの間ではすでに小児甲状腺《こうじょうせん》ガンの発生が確認されています。しかし、こうした現実を全て棚上げにして、原発再稼働派の連中が声高に語る、

「CO_2を出さない原発は、温暖化防止に貢献するクリーンなエネルギー」

という屁理屈や、

「原発の電気が一番安い」

という嘘や、

「原発を再稼働させないと、海外に国富が流出してギリシャみたいになる」

という詭弁を全て論破できる自信が持てないと、脱原発に対する確信は生まれてこないと思います。

私は、脱原発への確信を深めてもらい、原発推進派との論争にも打ち勝つためのツールとして活用してもらいたくて、この映画を製作しました。映画を観てくれた人たちが、脱原発の闘いに勇気と希望を持って加わってきてほしくて、つくったのです。

私が目指したのは、スクリーンの前に二時間座って付き合ってもらえれば、日本の原発が抱える全ての問題点や弱点を理解できる映画です。

しかし、簡単に完成したわけではありません。しかも通常の娯楽映画のように、シネマコンプレックス（複合映画館）が上映を引き受けてくれるわけでもありません。この国で反原発映画を製作し、それを上映しようとするということは、原子力ムラの影響力が身の回りの隅々にまで及んでいるという事実を再確認していく作業でもあるのです。いくつか象徴的なエピソードを紹介しましょう。

当初、映画の製作費は広く、薄く集める形で捻出《ねんしゅつ》することを考えていました。協力を呼びかけた団体は、どこも喜んで応じてくれたのですが、実際に進めていくうちに、

「ウチの会員の中に、ご主人が東電の下請け会社に勤めている女性がいて、『こういう偏向した映画に協力するのは反対です。もし、やるならこの会をやめます』と言われているんです」

というような声が、同時多発的に寄せられたのです。それで、自腹を切ることにしました。このことが理由で、半年間無駄にしました。

それから本章の冒頭でもお話ししたように、監督探しも難航しました。誰も引き受けてくれなかったのです。ある人からは、はっきりこう言われました。

「河合さん、あなたの気持ちはよく分かった。もう日本は原発をやっちゃいけないことも、よく分かった。でも、もしその映画を俺の名前でつくったら、俺は今後、一切映画をつくれなくなる。だから無理だ。ごめんね」

映画界においても、原子力ムラに対抗することはタブーだったようです。

私は自分で監督するつもり等ありませんでしたが、そこで「自分で監督するしかない」と腹を括りました。この理由でも、半年ロスしました。

とは言っても、とても一人ではできませんので、プロの映画人たちや本書でも度々登場する海渡弁護士等にも協力を得て、何とか完成まで持ち込めたのでした。

製作過程で暗礁に乗り上げるたび、私はこう思ったものです。

日本人は、

①原子力ムラの住民（電力社員、原発メーカー、政治家、官僚、電力御用学者等）
②原子力ムラに遠慮する人々
③その他

のいずれかに分類することが可能で、「ムラの住民」と「ムラに遠慮する人々」を合わせると、それこそ日本人の九九パーセントくらいに達するのかもしれない――。

それでも、映画は自分の描いていたイメージ通りに完成しました。これからは、その九九パーセントの人々に向け、この映画で説得を試みていくのみです。すでにその〝包囲網〟は、全国規模で広がり始めています。ちなみに二〇一五年六月時点で、有料試写会は五〇〇回を超えています。

福島第一原発事故は、決して大げさではなく、一時はこの国を存亡の瀬戸際にまで追い込みました。そのことを、日本人は決して忘れてはいけません。

それが、映画製作の動機であり、原点です。本当のことを知らなければ、怒ることも恐怖を感じることもできません。

映画の最後に、こんなメッセージを載せました。この言葉で、本章を閉じたいと思います。

原発事故は国民生活を根底から覆す。
経済も文化も芸術も教育も司法も福祉もつましい生活もぜいたくな暮らしも何もかもすべてだ。
したがって、原発の危険性に目をつぶってのすべての営みは、砂上の楼閣と言えるし、無責任とも言える。
そのことに国民は気が付いてしまった。
問題は、そこでどういう行動をとるかだと思う。

第四章　司法の場で「脱原発」を勝ち取る

映画『日本と原発』より

福島原発事故の「刑事責任」

前章では、脱原発を勝ち取るための武器として私が監督した映画についてお話ししましたが、ここからは司法の場で闘う具体的な方法について説明したいと思います。

裁判で脱原発を進めていくには何通りかの方法があります。

まずは「運転差し止め訴訟」です。原発の運転を直接差し止める訴訟で、電力会社に対する差し止め訴訟と、国を相手に原子炉設置許可の取り消しを求める行政訴訟の二種類があります。

最も効果的なのが、電力会社に対する運転差し止め訴訟です。私たちが福井地裁で勝訴した関西電力大飯原発三、四号機の運転差し止め訴訟と、同地裁での二勝目となる関西電力高浜原発三、四号機の運転差し止め仮処分申請がこれに該当します。かつては国に対する原子炉設置許可取り消し訴訟のほうが一般的でしたが、現在は電力会社に対する運転差し止め訴訟が主流となっています。

原発事故の責任を問うことによって、原発を司法の場に引きずり出す方法もあります。

これにも二通りあって、重大事故を引き起こした人の刑事責任を問う「刑事告訴」と、民事裁判の「損害賠償請求」です。

刑事告訴は、福島第一原発事故を起こした当事者である東京電力の経営陣や、同電力のデタラメな津波対策を見過ごし、事故を防げなかった原子力安全・保安院や原子力安全委員会の関係者たちを「加害者」であるとして、刑事罰である業務上過失致死傷罪に問うことを目指し、行われるものです。

刑事告訴は、被害者自身が「加害者を罰してほしい」と、警察や検察に対して求める制度です。犯罪の事実を知った第三者が、警察や検察に対して処罰を求める制度もあり、こちらは「刑事告発」と言います。

刑事告訴や刑事告発は、裁判所に対して行われるものではありませんので、「裁判」ではありません。告訴状や告発状は、警察署や検察庁に対して提出されます。それをどう扱うか判断するのが検察です。

検察はまず、告訴状や告発状を正式に受理するかどうかを決めます。検察が告訴状や告発状を受理すると、捜査が始まります。この捜査には一年以上の時間が費やされることもあります。その結果、証拠が揃い、有罪にできると見通しがたって起訴されると、ようやく「裁判」が始まります。検察に不起訴と判断されると、裁判は行われません。

もっとも、あれだけの重大事故を起こし、おまけに前代未聞の巨大被害をもたらした人たちの刑事責任を何も問わないということは、明らかに法の正義に反します。本来であれば、刑事告訴や刑事告発がされるのを待つことなく、警察や検察が独自の判断で捜査を進め、事故を起こした責任者を逮捕・起訴するのが「法の正義」なのです。

しかし、福島第一原発事故ではそうなりませんでした。なぜでしょうか。警察のトップや検察官もまた、「原子力ムラに遠慮する人々」だったのでしょうか。少し検証してみましょう。

事故発生後に政府内に設置された政府事故調査委員会（正式名称・東京電力福島原子力発電所における事故調査・検証委員会。委員長・畑村洋太郎・東京大学名誉教授、工学院大学教授）というものがありましたが、この政府事故調の事務方を、実は検察が引き受けていました。あまり知られていないことなのですが、政府事故調として行った関係者への事情聴取も、検事らが行っていたのです。政府事故調には大勢の検事が配属され、彼らはチームをつくって取り組んでいました。検事がどういった資格や法的根拠で事情聴取に関わっていたのかは不明です。

政府事故調の調書を読むと、途中までは大変熱心に事情聴取を行っています。関係者らをかなり厳しく追及しているのです。そのままの調子で関係者の聴取が進められていれば、刑事告訴や刑事告発を待つことなく、原発事故が刑事事件として立件されていたとしても、全然不思議はありませんでした。調書を見る限り、当初から東京電力関係者を免責するつもりで検事が取り調べに臨んでいたとはとても思えません。

一方、政府事故調の畑村委員長は、事情聴取で得た証言を、

「責任追及を目的として使うことはありません」

と語っていました。その理由は「言いたいことを言えるようにするためだ」と説明されています。

そうだとしても、事情聴取を通じて刑事罰に相当する事実が判明すれば、特例として免責することはできません。そんな法律はどこにもないからです。検察も当初は、そのつもりだったのでしょう。

ところがある時期を境に、事情聴取の〝責任追及〟のトーンが緩みます。具体的に言うと、二〇一一年の夏頃に行われた事情聴取の調書と、その数ヵ月後の同年一一月頃の調書とでは、聴取のトーンが明らかに違うのです。

「大変でしたよね？」

「そこまでできなかったのは、しょうがないですよね？」

といった感じで相槌《あいづち》を打つ聴取が、いきなり増えてくるのです。

結局、検察は福島第一原発事故の責任追及作業を中途半端な形でやめてしまいます。そして政府事故調は、事情聴取で得られた証言のごく一部を基に最終報告書をまとめ、二〇一二年九月に解散してしまいました。

この時期に首相を務めていたのは、民主党の野田佳彦氏です。

野田氏は、菅直人氏の後を受けて二〇一一年九月二日に首相に就任し、同年一二月一六日には福島第一原発事故の「収束宣言」をして、大変な反感を買っていた人です。翌二〇一二年六月末には、関西電力大飯原発三、四号機を政治判断で再稼働させたため、首相官邸前に二〇万人とも言われる市民が抗議に押しかけ、その際、

「大きな音だね」

と語ったことで、囂々《ごうごう》と非難を浴びていました。野田氏は、原発推進派と言われても仕方のない政治家です。

そして、政府事故調で聴取を担当していた検事たちの〝責任追及モード〟が〝緩いモード〟へと変わるのは、この野田首相の登場と軌を一にしています。

私は民主党の一部と自民党を含む原子力ムラが、福島原発事故の刑事事件化をしないことを決め、政治権力の意向を重んじる検察トップが下部に黙示的にサインを出したのだと思っています。

さて、二〇一一年の夏頃から同年一一月頃にかけての政府事故調では、一体何が起きていたのでしょうか。決して「謎」で終わらせるわけにはいきません。

被害者の「希望」となった検察審査会

政府事故調での責任追及作業を途中で投げ出していた検察当局は、政府事故調の最終報告書が野田首相に提出（二〇一二年七月二三日）された直後、新たな動きを見せます。

東京電力経営陣らに対する刑事処罰を求め、全国各地の地方検察庁に対して起こされていた刑事告訴や刑事告発を、一斉に正式受理したのです。最終報告書の提出からたった九日後の、同年八月一日のことでした。

この当時、検察が刑事告訴をなかなか受理しないのは、

「政府事故調の最終報告が出るのを待っているからだ」

等と、まことしやかに語られていました。私も代理人として関わっていた一三二四人の福島県民による「福島原発告訴団」の集団告訴・告発が行われたのは、同年六月一一日のことですが、原発事故後、最も早く行われていた刑事告発は、その一年前となる二〇一一年七月、作家の広瀬隆さんとルポライターの明石昇二郎さんの二人の手によるものでした。つまり、一年以上もの間、刑事告発等は棚晒《たなざら》しにされていたのです。

こうした事実から浮かび上がってくるのは、「責任追及を目的としていない」政府事故調の聴取に検事を送り込んでいたために、「責任追及が目的」の刑事告訴や刑事告発を受理することができなかった――ということです。

ともあれ、刑事告訴と刑事告発は検察に受理されました。実質的な捜査は、すでに政府

事故調での事情聴取の際に先行して行われていましたので、残りの作業は、東京電力本店等の関係各所を強制捜査し、証拠を差し押さえるくらいのことでした。しかし、いつになっても強制捜査は行われなかったのです。

そして、受理から一年後の二〇一三年九月九日、日本が二度目の東京オリンピックの誘致に成功したお祭り騒ぎの最中に東京地検は、東京電力の経営陣ら全員を不起訴処分にしたと発表して、世間を拍子抜けさせます。「確かに一五・七メートルの津波が来るかもしれないという東電内部の報告はあったが通説ではなかったので、具体的な予見可能性はなかった」というのが不起訴理由です。不起訴理由説明会で私は「被害者とともに泣く、巨悪を眠らせないというのが検察の本分ではないのか」と担当検察官を直接なじりましたが、無反応でした。

その後の「刑事事件としての福島第一原発事故」ですが、同年一〇月一六日に福島原発告訴団が東京検察審査会に対して審査を申し立てました。

ちなみに検察審査会とは、選挙権を有する国民の中から籤《くじ》で選ばれた一一人の検察審査員が、犯罪の嫌疑を受けていながら裁判にかけられず、検察が不起訴とした被疑者に関して、その検察の判断の良し悪しを審査する機関です。全国各地の地方裁判所や地方裁判所支部に設置されています。検察審査会の審査は、刑事告訴や刑事告発をした人から申し立てがあった時に行われます。申し立てに費用は一切かかりません。

この申し立てを受けて同検察審査会は、翌年の二〇一四年七月二三日に「起訴相当」の議決、すなわち、起訴すべき被疑者がいるので東京地検は起訴を再検討しなさいと命じます。その後、三一日に公表された議決書は、次のようなものでした。

「東京電力は平成二〇年に東日本大震災と同じ規模の一五・七メートルの高さの津波を試算していた。地震や津波はいつどこで起きるか具体的に予測するのは不可能で巨大津波の試算がある以上、原発事業者としてはこれが襲来することを想定して対策を取ることが必要だった」

「安全に対するリスクが示されても実際には津波は発生しないだろう、原発は大丈夫だろうという曖昧模糊《あいまいもこ》とした雰囲気が存在したのではないか。こうした態度は本来あるべき姿から大きく逸脱しているし、一般常識からもずれていると言わざるを得ない。原発の安全神話の中にいたからといって責任を免れることはできない」

いったん原発事故が起きれば、その被害は取り返しのつかないものになるのだから、地震多発国の日本で自然災害に対する万全の安全策を取るのは常識であり、それがきちんとできない電力会社に、原発を動かす資格はない。「想定外」等という責任逃れも認めないし、許されない——。

とする単純明快な視点は、この二ヵ月前に福井地裁が書いた関西電力大飯原発三、四号機の「運転差し止め」判決に通じるものです。東京検察審査会による「起訴相当」議決は脱原発陣営にとって、大飯「運転差し止め」判決に続く貴重な二勝目となりました。

同検察審査会が「起訴すべき被疑者」としたのは、東京電力の勝俣恒久・元会長と、武藤栄、武黒一郎の両元副社長の旧経営陣三人です。他に、小森明生元常務については「不起訴不当」（さらに詳しく捜査をすべきという意味）としました。

検察審査会では、検察庁から取り寄せた事件の記録等を基に、国民目線で審査します。その際、弁護士（審査補助員）の助言を求めることもできます。検察審査会の会議は非公開で行われますので、検察審査員たちは自由な意見を活発に出し合うことができます。

審査の結果、さらに詳しく捜査をすべきであるという「不起訴不当」議決や、検察は起訴をすべきであるという「起訴相当」議決が出た場合は、検察は事件の扱いを再検討するよう迫られます。再捜査を要求する「不起訴不当」議決よりも、起訴を要求する「起訴相当」議決のほうが重い議決となります。

つまり、被害者とともに泣かなくなった検察に代わって、検察審査会が被害者たちの「希望」となったのです。

一方、検察にとって、「起訴相当」議決を言い渡されることは「お前の捜査は不十分だ」と国民目線で指弾されるのと同じで不愉快なことです。

東京地検は、その不快感もあらわに二〇一五年一月二二日に勝俣元会長ら三人を二度目の不起訴処分としました。その際に東京地検は、東京検察審査会が以前下した「起訴相当」議決にはさまざまな判断の誤りがあり、

「想定外の津波で、仮に対策を取っていても事故は防げなかった」

と指摘。自分たちの判断を否定した検察審査会を非難することも忘れませんでした。

「法の正義」をどこかに置き忘れてきたような姿勢は、原子力ムラの弁護人かと見紛いそうです。ここ数年、不祥事が続いた検察ですが、毅然とした起訴によって国民の信頼を回復する絶好のチャンスをむざむざと逃してしまいました。こんなことをやっているようでは、名誉回復への道程は相当険しいと言わざるを得ません。

そして二〇一五年七月三一日、審査を担当していた東京第五検察審査会は、勝俣元会長ら三人を「起訴すべきである」との議決を公表しました。これで東電の旧経営陣三人は強制的に起訴されることが決まり、福島第一原発事故の刑事責任がついに裁判の場で争われることになったのです。この強制起訴は、福島原発告訴団が、検察当局との長い闘いの末に勝ち取ったものと言えるでしょう。

私はこの日の記者会見で、次のようにコメントしました。

「もし、この事件が不起訴に終わってしまったら、この福島第一原発事故の真の原因は、永久に闇に葬られたと思う。政府事故調も、国会事故調も、その後まったく活動をしておらず、別の調査を始めようという動きもない。福島原発事故の原因の九〇%は、事故前の津波対策・地震対策の不備にある。そこをきちんと究明しないと、福島原発事故の原因究明はできない。今回、からくも市民の正義感で、（事故原因究明の）ドアを開いた。この意味はすごく大きい。私たちは刑事法廷において、真の原因がもっともっと明らかにされていくだろうと思う」（「弁護士ドットコムニュース」二〇一五年七月三一日）

この強制起訴の影響は大きいものがあります。

第一に、再稼働に対する抑止的、警告的効果があります。安易に再稼働して重大事故が起きた時、電力会社の役員は刑事責任を問われる恐れがあることがはっきりしたからです。「役所（規制庁）の許可を得ているのだから罪はないはずだ」と思うのは甘いのです。福島第一原発も当時の原子力・安全保安院からの許可と指導で運転していたのですから。彼らは刑事罰におびえながら再稼働しなければならないのです。

第二に、国民に対するリマインド（想起させる）効果です。公判のたびに勝俣元会長らへの被告人質問などが大々的に報道され、そのたびに国民はあの福島第一原発事故を思い出し、原発は怖いという思いを新たにするでしょう。それは再稼働阻止の方向を加速するインパクトになります。政府、電力会社はさぞかし、苦々しく思うことでしょう。

第三に、東電役員に対する株主代表訴訟等の民事訴訟に極めて良い影響があります。刑事事件の法廷に出された証拠は株主代表訴訟にも利用できるからです。公権力を使えば今まで隠されていた重要な証拠が出てくる可能性があります。それは被害者の方々による損害賠償請求にも役立ちます。東電と国の手抜きのひどさが分かるほど賠償額は増えるからです。また、原発差し止め訴訟にも役立ちます。電力会社の役員や役人がいかにいい加減だったかが立証されれば、今回の再稼働のプロセスもいい加減なのではないかと推測されるからです。

これから指定弁護士が選任されて刑事裁判が始まります。公判は一ヵ月一回くらいのペースになるでしょう。控訴、上告を考えると判決の確定までには長い年月を要すると思われます。

ところで、東京第五検察審査会の今回の議決の要点は、国の機関である地震調査研究推進本部の「日本海溝沿いにマグニチュード八・二程度の地震は起こりうる」という報告に基づいて東電が社内で算出した「一五・七メートルの津波の恐れがある」という報告は無視してよいはずはない、土木学会に再検討を依頼したなら、その再検討期間だけは原発を止めておくべきだった、果たしてその再検討期間に事故は起きてしまったのだから――という点にあります。鋭い指摘です。市民の正義感が官僚の硬直した考えを覆したのです。私たちは東京地裁の正面玄関前で「市民の正義」、「強制起訴」という旗を掲げたのでした。

福島原発事故の「民事責任」

福島第一原発事故では、刑事責任と同時に民事上の責任（民事責任）も果たされる必要があります。

我が国には、原発事故で発生する被害を想定した「原子力損害賠償法」（原賠法）という法律があります。五〇年以上も前の一九六一年につくられた法律ですが、生じた損害が原発事故と因果関係があることを立証すれば、損害賠償請求ができます。従来の公害事件のように、裁判の場で責任論について延々と議論を闘わせる必要もありません。むしろ、損害の立証だけをきちんとやれば、全部賠償してもらえる構造になっています。

ところが、この原賠法には「責任集中」という制度があって、原発事故による損害（原子力損害）の賠償責任は電力会社のみが負い、原発メーカー（GEや東芝など）や個人などは責任を負わないことになっています。これが大問題なのです。

責任集中制度は原発メーカーを保護・育成し、メーカーが安心して原発を製造販売できるようにするという目的から導入されました。この原発メーカー免責制度は米国、イギリスが世界に原発を輸出するために世界中に押し付けた制度なのです。

この定めがあるため、原発事故の民事責任を、電力会社の会長や社長といった個人に負わせることはできません。ただし、「株主代表訴訟」という制度を使えば、話は別です。この株主代表訴訟を通じて民事上の責任を追及することで、原発事故を司法の場に引きずり出すことができるのです。

原発をいい加減に運転してきた債務不履行によって事故を引き起こし、原発の敷地外まで夥しい放射能で汚染して、株式会社の東京電力は膨大な額の損害賠償責任を負いました。その上、会社の財産だった福島第一原発の一号機から四号機までは回復不能なまでに壊れ、廃炉にすることになりました。

東京電力が被ったこれらの損害を、経営責任のある取締役らが連帯して会社に弁償するよう、会社に代わって株主が請求する裁判が「株主代表訴訟」です。

この訴訟を起こす前に私たちは、まず東京電力の監査役七人に対し、会社に損害を与えた取締役らに対する損害賠償請求の訴訟を起こすよう促しました。それをするのが、監査役の仕事だからです。二〇一一年一一月のことでした。

しかし、監査役の顔ぶれを見ると、原子力ムラに所属する人が過半を占めているではありませんか。案の定、監査役は二ヵ月後の二〇一二年一月に、会社への損害賠償請求訴訟をしないと回答してきましたので、私たちは満を持して株主代表訴訟を起こすことにしました。私も同訴訟の弁護団長として関わり、二〇一二年三月五日に東京地裁に提訴しました。

私たちが株主代表訴訟を通じ、当時の勝俣恒久会長や清水正孝社長らに求めている損害賠償の総額は、五兆五〇四五億円です。この請求額は現時点での世界最高記録で、ひょっとするとギネスブックに載るかもしれません。

株主側が裁判で全面勝利した場合、この世界最高の賠償額を株主が手にするわけではなく、全額がそのまま東京電力に補塡《ほてん》されます。つまり、賠償金を受け取るのはあくまでも会社であって、訴訟を起こした株主ではありません。一般的な民事の損害賠償請求訴訟なら、これだけの額であれば印紙代が五五億円にも達しますが、賠償金目当てではなく、会社の損害回復のためにやる裁判なので、法律により一万三〇〇〇円の印紙代で済みます。印紙代がほとんどかからないので、この株主代表訴訟が起こせたのです。

ここまでは株主代表訴訟という「制度」の説明でしたが、東京電力に対する実際の株主代表訴訟は、他の原発訴訟や刑事告訴との連係プレーで進められています。

政府が公開した「政府事故調」の調書や、別の原発訴訟で得た証拠、そして刑事告訴を通じて明らかになった新事実の情報等は、脱原発弁護団全国連絡会にストックされ、水平展開されていることは、本書第二章の「最初に『弁護士』が変わった」でも述べました。そうして集められた情報は、株主代表訴訟にも活《い》かされます。

ここにきて、決定的とも言える文書がこの株主代表訴訟において、裁判所の強い指導によって東京電力から提出されました。それは、二〇〇八年九月一〇日頃に作成された「福島第一原子力発電所津波評価の概要（地震調査研究推進本部の知見の取扱）」という文書で、二〇〇八年九月一〇日「耐震バックチェック説明会（福島第一）」会議という小森所長をヘッドとする対応会議の場で配布されました。

この議事概要の中に、「津波に対する検討状況（機微情報のため資料は回収、議事メモには記載しない)」とあり、この文書は回収されたことが分かります。

この文書の二枚目の下段右側に、「今後の予定」として、以下の記載があります(丸カッコ内、及び傍点は筆者)。

○ 推本(筆者注:地震調査研究推進本部)がどこでもおきるとした領域に設定する波源モデルについて、今後2~3年間かけて電共研で検討することとし、『原子力発電所の津波評価技術』の改訂予定。

○ 電共研の実施について各社了解後、速やかに学識経験者への推本の知見の取扱について説明・折衝を行う。

○ 改訂された『原子力発電所の津波評価技術』によりバックチェックを実施。

○ ただし、地震及び津波に関する学識経験者のこれまでの見解及び推本の知見を完全に否定することが難しいことを考慮すると、現状より大きな津波高を評価せざるを得ないと想定され、津波対策は不可避。

この会議の内容は、極めて重要です。一〜三項は、東京電力が現時点で主張している公式見解でもありますが、それに続いて四項目で津波対策は不可避とされ、推本の見解が否定できないものであることや、より大きな津波高の想定と津波対策が不可避なものであるという認識が示されています。このような東電の認識を明確に示した文書は、会議後に回収する予定で作成された文書であるからこそ記載されたのだと考えられ、東電の幹部たちの本音を示すものとして決定的に重要なものだと言えます。しかも、わきには手書きのメモで「問題あり」、「社会から注目されている」、「出せない」とあるのです。彼らが津波対策は不可避と認識していながら、あえて津波対策を怠ったということが明らかになったのです。

以上は、株主代表訴訟による民事責任追及の場合ですが、他にも民事事件として原発問題を法廷に引きずり出す方法があります。原賠法に基づき、被害者自身が直接、東京電力に対して損害賠償請求をすることです。

損害賠償請求の方法は二つあります。一つ目は、裁判所で損害賠償請求訴訟を起こすことです。二つ目は、原子力損害賠償紛争解決センター（ADRセンター）で行う「裁判外紛争解決手続き」（原発ＡＤＲ）です。原発ＡＤＲは裁判外の手続きなので、原発を法廷に持ち込むわけではありません。

私は、原発の差し止め訴訟には積極的に関わっているのですが、賠償請求の話には最近まで関わってきませんでした。賠償請求訴訟には熱心に取り組む弁護士が多くいるので、そんな人たちに頑張ってもらえばよいと考えていたからです。

ただ、それは飯舘《いいたて》村の現状を知るまでの話でした。村全体が強制的に避難を強いられている飯舘村は、福島第一原発事故による被害の中でも特にひどい被害を受けているところでもあり、住民に対する損害賠償もそれなりに順調に進んでいるのだろうと思っていました。

ところが、全く違うということが分かったのです。村民たちは分断され、差別も受け、賠償金を値切られ、不安のどん底にいました。事故から三年が経ったのに、生活再建や完全賠償の目途は何もついていなかったのです。

飯舘村は現在、「帰還困難区域」「居住制限区域」「避難指示解除準備区域」の三区域に分けられ、村民たちは四年以上にもわたる避難生活を強いられています。早ければ二〇一六年三月にも避難指示が解除されるとの話も浮上していますが、村のコミュニティは原発事故で完全に破壊され、また放射線量も依然として高いので「戻りたくても戻れない」のが現実です。

不覚にも私たちは、飯舘村のことをきちんと見ていませんでした。これは放っておくわけにいかないと思い、村民たちが考えていた原発ADRへの申し立てを全面的に支援することにしたのです。手弁当で集まってきた一〇〇人を超える弁護士たちで、大弁護団が結成されました。

故郷を失った飯舘村民七三七世帯、人数にしておよそ三〇〇〇名超からなる「原発被害糾弾　飯舘村民救済申立団」（飯舘村民救済申立団）が、東京電力に対して完全賠償と原状回復を求める原発ADRを、東京・新橋のADRセンターに集団で申し立てたのは、二〇一四年一一月一四日のことです。この人数は、同村の人口（約六二〇〇人）の半数近くに相当します。もちろん、私も弁護団長として、申し立てに同行しました。

申し立て後に参議院議員会館で開かれた報告集会で、村民救済申立団の団長で酪農家の長谷川健一さんは、

「横断幕に書かれた『謝れ！　償え！　かえせふるさと　飯舘村』というスローガンに、私たちの思いが全て込められています。被害者である我々自身が原発事故被害を糾弾し、『飯舘村民は怒っているのだ』という意思表示を行い、立ち上がったのが、今回の申し立てなんです」

と、怒りをあらわにしました。長谷川さんの一家も、避難で家族が三ヵ所に離散し、家業の酪農も休止に追い込まれています。

私は、村民の生活再建、人生再建のため、絶対に負けられないと思っています。原発ADRでかたがつかなければ、法廷で決着をつける覚悟です。

東電「ADR和解拒否」は時間稼ぎの〝賠償逃れ〟

原発ADRは大変広く利用され、始まった当初は、東京電力側もADRセンターが示す和解案を尊重し、大半のケースで和解に応じていました。

ところが、原発事故から二年が過ぎた二〇一三年頃から、東京電力が和解案を拒否するケースが急に増えてきたのです。その背景には、

〝賠償金の原資は、国から借りた税金なのだから、原発ADRの和解では安易に譲歩するな〟

という経済産業省の〝指導〟があると推測されます。

そのため、原発ADRでは現在、多くの事件が暗礁に乗り上げ、解決が行き詰まっています。

和解が決裂すれば、被害者に残された道は裁判しかありません。裁判所が示す判断も、恐らくADRセンターが示した和解案よりも大きくなるでしょう。

となれば、東京電力が和解案を拒否する理由は「解決の先延ばし」に他ならず、被害者に対する嫌がらせにしかなりません。中には、賠償請求を諦める被害者もいることでしょう。時間稼ぎをされているうちに、亡くなる被害者も決して少なくないと思われます。東京電力は、これを待っているのでしょうか。

こんな非道なやり方の〝賠償逃れ〟を許してはなりません。

被害者の中には、東京電力に対する損害賠償請求だけでなく、国に対する損害賠償請求、すなわち国家賠償請求の訴訟をしている人もいます。前述したように、原賠法の「責任集中」制度で電力会社以外は賠償を免責されているのですが、「電力会社への指導・監督責任がある国（経産省）まで免責されているわけではない」、「規制権限不行使の責任がある」という考えに基づいた訴えです。国は原賠法による免責を主張せず、「規制権限不行使はなかった」という争い方をしています。

原賠法の「責任集中」制度自体を問題視する訴訟も起きています。この制度があるために、大事故を起こした福島第一原発をつくった原子炉メーカーであるゼネラル・エレクトリック（略称「GE」、同原発一、二号機の主契約者）や、東芝（同原発二、三号機の主契約者）、日立（同原発四号機の主契約者）が免責されているのはおかしいとして、メーカーを訴えたものです。

この裁判は、

「原告一人当たり一〇〇円を支払え」

という損害賠償請求の形を取っていますが、実質的には、原賠法の「責任集中」制度は違憲であり無効であることを確認するための裁判です。原告には福島県民はもとより、海外在住の人たちも多数含まれ、その総数は約一四〇〇人にも及んでいます。

原発を止めるための闘い方

このように、民事事件として脱原発を法廷で勝ち取っていく方法には、

①運転差し止め訴訟（運転差し止め仮処分申請も含む）
②株主代表訴訟
③損害賠償請求
④国家賠償請求
⑤原発メーカー訴訟

と、さまざまなものがあります。この中で究極的に最も重要なのは①ですが、②〜⑤も脱原発にとって総合的に関連を持つため大きな意味があります。これに、刑事事件としての立件を目指す刑事告訴や刑事告発を組み合わせていくのが、私たち「脱原発弁護団全国連絡会」の闘い方です。

現在、原発を取り巻く政治状況は、民意と実際の政策が大きく乖離《かいり》しているという、民主主義の〝ねじれ状態〟にあります。そういう時こそ、司法の果たす役割が大変重要になります。司法が率先して行政の監視役を務め、道標となるしかないのです。

福島第一原発事故後、多少の例外はあるにせよ、日本の原発のほとんどが四年間止まっています。この状況をさらに長続きさせるため、司法の力、すなわち仮処分申請等々で再稼働を実際に止めていくのです。原発の停止が五年、七年、一〇年と続いていくうちに、日本の国民は、

「何だ、原発なんかなくても全然へっちゃらじゃないか」

と、体感できます。その時が、世論が変わり、政治も変わる分岐点になっていくだろうと私は考えています。

そして、その一助となるだろうと確信しているのが、私の映画『日本と原発』です。

今、私は、この映画を一人でも多くの人に観てもらいたいと考えて、毎週末、全国各地を駆け回り、映画上映会で監督挨拶をしています。

本書の第一章で書きましたが、現在、安倍政権と原子力規制委は「一点突破、全面展

開」戦略で、停止している原発を再稼働させようと躍起になっています。九州電力の川内原発一、二号機を皮切りに再稼働を始めて、次に関西電力の高浜原発三、四号機か四国電力の伊方原発を再稼働させ、各地の加圧水型原発をひと通り再稼働させた後、今度は沸騰水型原発も……というように、日本中の原発を再び動かそうという作戦なのです。

そして私たちは、最初の「一点突破」を許さないという裁判所での闘いを中心に据え、対抗しています。その初戦が、二〇一五年四月一四日に福井地裁であった関西電力高浜原発三、四号機の「運転禁止」仮処分命令でした。

原子力規制委の審査をパスし、再稼働への道を突き進んでいた原発が新規制基準の無効を理由として「運転禁止」命令を受けたということは、原子力規制委の審査まで裁判所から〝ダメ出し〟をされたことになります。

原子力規制委の田中俊一委員長が、福井地裁の運転禁止命令には「事実誤認」があるとミスリードしたのは、それだけ原子力規制委の動揺が大きかったことの反映でもあります。原子力規制委の審査及びその基になる新規制基準が信用ならないとされてしまうと、他の地域の原発訴訟にも確実に影響が及ぶからです。

私たちが勝ち取った決定の内容は、その前年（二〇一四年）の大飯原発の判決を大幅にバージョンアップしたと言える内容でした。大飯の場合は、「危険性があるから差し止める」という判決で、規制委員会の判断は下りていませんから規制基準は裁判の対象外でした。しかし、高浜に関しては規制委員会がゴーサインを出している中で出された決定で、規制委員会が定めた新基準が合理的で信頼できるものなのかが争点となり、裁判所はそれを真正面から否定したのです。

樋口決定は、「万一の事故に備えなければならない原子力発電所の基準地震動を地震の平均像を基に策定することに合理性は見い出し難いから、基準地震動はその実績のみならず理論面でも信頼性を失っていることになる」と断じました。基準地震動の策定手法に関する規制基準の根本的な誤りを裁判所が認めたことになります。

しかし現状では、

「原子力規制委がいいと言っているから、再稼働してもいい」

という決定文しか書けない裁判官も残っています。実際、第二戦となった九州電力川内原発一、二号機の運転差し止め仮処分申請を却下する鹿児島地裁の決定文（決定要旨）は、まさにそうした内容のものでした。

決定が出たのは、高浜原発三、四号機の「運転禁止」仮処分命令が出た八日後の二〇一五年四月二二日でした。鹿児島地裁の前田郁勝裁判長は、審理にも積極的に取り組み、私たちに対しても九州電力側にも、多くの質問を投げかけてきました。にもかかわらず、争点となった原発の新規制基準や、原子力規制委員会による審査には、いずれも「不合理な点は認められない」としたのです。

前田決定は、基準地震動の想定方法を改めない規制委員会のやり方を追認しました。前田決定も、実際の地震動が平均像からどれだけ乖離しているかを考慮することは望ましいとしつつ、地震には地域特性があり、九州地方では地震動が小さくなる傾向があり、「このような地域的な傾向を考慮して平均像を用いた検討を行うことは相当であり、平均像の利用自体が新規制基準の不合理性を基礎付けることにはならない」としました。

高浜原発と川内原発の結論が分かれた理由はいくつか考えられます。

樋口決定は、「新規制基準自体も合理的なものでなければならないが、その趣旨は、原子炉施設の安全性が確保されないときは、当該原子炉施設の従業員や周辺住民の生命、身体に重大な危害を及ぼす等の深刻な災害を引き起こすおそれがあることにかんがみ、このような災害が万が一にも起こらないようにするため、原子炉施設の位置、構造及び設備の安全性につき、十分な審査を行わせることにある」とし、規制基準に高度の安全性を求めました。

これに対して前田決定は、事故の可能性を社会通念上容認できる程度にまで下げられれば、再稼働を認めるという立場です。福島原発事故のような重大事故の再発を絶対に避けるべきことと考えるか、たまにはそのような事故が発生することも致し方のないことと考えるかが、根本から異なっているのです。

福島原発事故は、地震と津波を原因として同時に三つの原子炉がメルトダウンするという恐ろしい原発事故でした。この事故は地震や津波対策をきちんと行ってこなかった東電が原因をつくったと言えますが、さらに遡れば、国の原子力規制の失敗であったと言えます。国会事故調査委員会の報告書では、規制機関は電力会社によって骨抜きにされ、その虜《とりこ》となり、十分な地震津波対策が取られなかったと断罪されています。

私たちは、福島原発事故を反省するならば、ドイツのように、政府として脱原発を決意すべきであると主張しました。そして、もし仮に再稼働を考えるのであれば、福島原発事故の原因を徹底して明らかにし、規制機関も規制基準も根本的につくりなおすべきなのです。事故の当初は、政府から完全に独立した規制機関をつくり、津波や地震対策の想定をうんと厳しくする、外部電源や使用済み燃料プール等の性能を高め、地震や津波で多くの設備が同時に故障しても安全性が保たれるようにする等の対策が検討されました。しかし、のちにこれらは全てしりすぼみに終わってしまいました。

法律は新しくなったものの、現実にできた規制委員会は保安院が規制庁に衣替えしただけで、スタッフの陣容も、規制基準の内容も抜本的に改められることはありませんでした。

樋口決定は、このような新規制基準は緩やかにすぎ、これに適合しても原発の安全性は確保されないと明確に述べています。そして、以下の六点について対策が取られなければ、新規性規準は合理性を欠くとしています。

①基準地震動の策定基準を見直し、基準地震動を大幅に引き上げ、それに応じた根本的な耐震工事を実施する

②外部電源と主給水の双方について基準地震動に耐えられるように耐震性をSクラスにする
③使用済み核燃料を堅固な施設で囲い込む
④使用済み核燃料プールの冷却設備の耐震性をSクラスにする
⑤使用済み核燃料プールに係る計測装置をSクラスにする
⑥中央制御室へ放射性物質が及ぶ危険性は耐震性及び放射性物質に対する防御機能が高い免震重要棟の設置の必要性を裏付けるもので、免震重要棟を完成させる

この指摘は、関西電力だけでなく、原子力規制委員会にこそ向けられたもので、その論理からすれば、全国の原発の再稼働を止める論理を内包しているのです。

鹿児島地裁では、広範囲に壊滅的被害をもたらす火山の「破局的噴火」をどう評価するかについても争われました。新規制基準では半径一六〇キロメートル圏内にある火山を検討の対象にしており、川内原発の場合、その対象となる大型のカルデラ（火山活動に伴ってできた大きな凹地形）火山が五つもあるのです。

そのうち三つの火山について、噴火に伴う火砕流が原発の立地する場所にまで達していた可能性を、九州電力も認めています。摂氏一〇〇〇度近くにも達する高温の火砕流が、時速一〇〇キロメートルで原発を襲った場合、防御するのはまず不可能です。

そこで九州電力は、観測によって巨大噴火の兆候を捉え、巨大噴火を予知した場合は原子炉を止め、五年間かけて全ての核燃料を原発の敷地から運び出すとしています。

この「火山噴火対策」は、五年後の巨大噴火を予知した場合を前提にしています。しかし、噴火の予知に成功した二〇〇〇年の北海道・有珠山《うすざん》の噴火の例を見ても、予知できたのは噴火のほんの数日前のことです。たとえ予知に成功したとしても、核燃料を運び出すのに五年もかかっていては、とても間に合いません。おまけに、核燃料の〝避難〟が間に合わなかった時のことは、何も想定されていないのです。とても「対策」と呼べるようなシロモノではありません。

二〇一四年八月二五日に開かれた原子力規制委の会合では、火山学者たちもこの「対策」に一斉に異議を唱えていました。

「巨大噴火の時期や規模を予測することは、現在の火山学ではきわめて困難」（東京大学地

震研究所の中田節也教授）

「異常現象をつかまえた時に、それが巨大噴火に至るのか、小さな規模の噴火で終わるのか、判断基準を持っていない」（火山噴火予知連絡会の藤井敏嗣会長）

しかし原子力規制委は、こうした火山学者の指摘に目をつぶり、九州電力の案を「火山噴火対策」として十分であると認め、川内原発の再稼働を許可していました。

ちなみに、原発の憲法とされる「原子炉立地審査指針」には、こう書かれています。

「大きな事故の誘因となるような事象が過去においてなかったことはもちろんであるが、将来においてもあるとは考えられないこと。また、災害を拡大するような事象も少ないこと」

火砕流が到達するようなところには建てないというのが、そもそもの原発立地ルールなのです。つまり川内原発は、建ててはいけない場所に建てられてしまった原発なのでした。

福島第一原発事故後の東京電力を見れば分かるように、万一、火山噴火に伴う火砕流や津波、火山灰によって原発の大事故が発生した場合、電力会社はその存続さえ危うくなります。つまり、川内原発を再稼働させることで最大のリスクを背負うのは、他ならぬ九州電力自身なのです。今の九州電力の姿は、一〇〇〇年前の津波を軽視していた東京電力とまるで瓜《うり》二つです。

しかし前田裁判長は、

「カルデラ火山の破局的噴火の活動可能性が十分に小さいとはいえないと考える火山学者も一定数存在するが、火山学会の多数を占めるものとまでは認められない」

として、破局的噴火の可能性は極めて低いとする九州電力側の主張を全面的に認めました。

火山の専門家でつくる火山噴火予知連絡会会長の藤井敏嗣・東京大学名誉教授は、NHKの取材に対して次のように述べています。

「現在の知見では破局的な噴火の発生は事前に把握することが難しいのに、新しい規制基準ではモニタリングを行うことでカルデラの破局的な噴火を予知できることを暗示するなど、不合理な点があることは火山学会の委員会でもすでに指摘しているとおりだ」

「カルデラ火山の破局的な噴火については、いつ発生するかは分からないものの、火山学者の多くは、間違いなく発生すると考えており、『可能性が十分に小さいとは言えないと考える火山学者が火山学会の多数を占めるものとまでは認められない』とする決定の内容は実態とは逆で、決定では破局的噴火の可能性が十分低いと認定する基準も提示されていない。火山による影響については、今回の判断は、九州電力側の主張をそのまま受け止めた内容で、しっかりとした検討がされていないのではないか」

高浜と川内の両原発の運転差し止め仮処分申請で、原子力規制委の「権威」が揺らいでいます。しかし、原子力規制委の問題は、原発の再稼働にまつわる話だけに見られるわけではありません。

福島第一原発からは、今も放射能が漏れ出し続けています。特にひどいのは、海に漏れ出ている高濃度汚染水の問題です。そして、この汚染水問題を所管しているのは原子力規制委です。

福島原発告訴団では、汚染水を閉じ込めることができず、海に垂れ流している東京電力とその関係者を刑事告発しています。告発は福島県警に対して行われ、捜査は今も続いています。

　さらに二〇一五年二月二四日、驚愕《きょうがく》の事実が判明します。同原発二号機の原子炉建屋の屋根で、セシウム１３７が一リットル当たり二万三〇〇〇ベクレル、セシウム１３４が六四〇〇ベクレル、ベータ線を出す放射性物質が五万二〇〇〇ベクレルという、べらぼうに高い濃度の放射能汚染水の水たまりが見つかり、調べたところ、この水が雨どいを通じて排水路に流れ込み、原発の専用港湾の外の海へと直接流れ出ていたことが分かりました。

　専用港湾内は、海洋汚染対策が取られているとされるものの、港湾外には何の対策も施されておりません。外洋そのものです。にもかかわらず原子力規制委は、外洋への「高濃度汚染雨水」漏洩の事実を把握していながら、一年以上にわたって放置していました。原子力規制委が即座に対処しなかったのは、汚染雨水は「雨水」であり、事故で発生した液体放射性廃棄物ではなく、規制の対象外だからだ――というのです。ひどい屁理屈です。規制委員会の重要な使命は、放射能被害をこれ以上拡大させないことではないのか。それを言葉遊びで責任逃れをしているのです。しかも、公表された二月二四日時点でもなお、海に垂れ流し続けていたというのですから、呆れてものが言えません。

日本が二度目の東京オリンピックを誘致する際の最終プレゼンテーションで、安倍首相は福島第一原発事故の収束作業について、"the situation is under control."（状況はきちんと統制できています）と、世界に向けて約束しました。どっこい汚染水に関しては、事故発生から四年が過ぎた今も、"out of control"（制御不能）の状況が続いています。

結果として、安倍首相は世界に向けて人嘘をついたわけです。

私は、日本の信用まで失墜させた原子力規制委を、福島原発告訴団とともに刑事告発することを検討しています。告発する際の罪状は、原子炉等規正法に基づく「特定原子力施設」としての福島第一原発から、みすみす放射能を長期間にわたって流出させた「原子炉等規正法違反」または「公害罪」か、放射能汚染によって沿岸漁業の復興を妨害した「威力業務妨害」等が妥当ではないかと考えています。

司法を変えるのは市民の声

高浜原発については、関西電力から保全異議の申し立てがなされ、福井地裁で審理が始まっています。樋口決定が生きている限り、高浜原発は再稼働できません。ということは、この決定を守り抜くことこそが、私たちの闘いの第一の課題です。

川内原発決定については二〇一五年五月七日、住民たちは抗告を申し立てました。今後の闘いは福岡高裁の宮崎支部に舞台を移しました。今度こそ負けられません。前田決定は、その結論において、次のような不可解な判示を行っていました。

「(住民らが) 主張するように更に厳しい基準で原子炉施設の安全性を審査すべきであるという考え方も成り立ち得ないものではない」「今後、原子炉施設について更に厳しい安全性を求めるという社会的合意が形成されたと認められる場合においては、そうした安全性のレベルを基に (判断すべきこととなる)」

というのです。これは一見「社会的合意」なるものを尊重する民主的考えのように見えますが、そうではありません。裁判所の使命は「社会的合意」というような曖昧なものを忖度《そんたく》することではなく、原発が安全か否かを、国民の生存権を守るという観点から判断することなのです。川内原発決定はこの使命から逃げたのです。「社会的合意」を忖度して仕事をすべきは行政と政府であって司法ではないのです。自らの決定内容に自信がないので、最後に逃げ口上を置いていったとも言えます。

樋口決定に対しては、日本テレビの世論調査によれば、再稼働を止めた決定を支持する人が六五・七%で、支持しない人の二二・五%を大きく上回りました。福島原発事故を繰り返さず、原発の高い安全性を求める樋口決定こそが、国民に支持されていることが分かります。

高浜原発と川内原発の二つの決定によって司法の場が原発を止める闘いの重要な場であることが認識されたと思います。メディアはこの二つの決定を一勝一敗だと言いますが、私は、そうは思いません。高浜の決定は、規制基準そのものの合理性を否定し、全国に水平展開可能なものです。これに対して、川内の決定は九州の地域特性を根拠にしており、他の地域には適用できません。影響力という点では、一〇対一くらいの差があります。私たちは、一〇対一で勝っていると考えています。

繰り返しますが、前田判決で「更に厳しい安全性を求めるという社会的合意が形成されたと認められる場合においては、そうした安全性のレベルを基に(判断すべきこととなる)」と述べているように、より厳しい安全性を求めるには、社会的合意形成が必要です。

それにはまず、皆さん一人ひとりの意思表明がなくてはなりません。司法を変えるのは市民の声です。樋口決定を支え、川内の決定を覆すためにも市民の応援が不可欠です。

第五章　「脱原発」のために　できること

2015年4月14日 高浜原発3・4号機運転禁止仮処分判決後、
福井地裁前にて（撮影／明石昇二郎）

自分にできることは何か?

私は日本から全ての原発をなくすためにこの本を書いています。そして、脱原発を実現させるために、あなたにもできることがたくさんあります。

本書を読まれた方は、未見であれば、私が監督した映画『日本と原発』をぜひ観て下さい。そして、原発推進派の語る嘘を見破り、論破する知識と知恵を身につけて下さい。

映画本編では、原発推進派の論理を一つひとつ挙げ、その全ての論理を論破しています。これを観れば、原子力ムラのおかしなロジックに騙されることはありません。

今までに約七〇〇ヵ所で自主上映会が行われています。今も全国各地から引きも切らず、数百件の自主上映会の申し込みがあります。また、実にさまざまなグループや企業が上映会を開いており、爆発的に共感の輪が広がっていることを実感します。

私はこの映画をもっともっと拡めたいと考えています。読者の方々にもぜひ自主上映会の開催をお願いしたいと思います。私の事務所に連絡下さるか、映画『日本と原発』のホームページをご覧下さい。

「日米原子力協定を破棄しないと脱原発できない」という嘘

しかし一方で、日本が原発をやめるには、まず日米原子力協定を破棄しなければならないという説を耳にします。

このような言説が今、脱原発を目指す人々の間でまことしやかに広まっています。それは『日本はなぜ、「基地」と「原発」を止められないのか』（矢部宏治・著）に次のように書かれていて、かなり多くの人が、それを読んでいるからです。

「日米原子力協定という日米間の協定があって、これが日米地位協定とそっくりな法的構造をもっていることがわかりました。つまり『廃炉』とか『脱原発』とか『卒原発』とか、日本の政治家がいくら言ったって、米軍基地の問題と同じで、日本側だけではなにも決められないようになっているのです。条文をくわしく分析した専門家に言わせると、アメリカ側の了承なしに日本側だけで決めていいのは電気料金だけだそうです」

しかし、同協定の全条文を改めて逐一、検討しましたが、「日本は原子力発電をしなければならない」「日本は米国に無断で原子力発電から撤退してはならない」という記載がないばかりか、「原子力発電」や「原発」という言葉すら出てきません。「原子力の平和的利用」という言葉が出てくるだけです。「原子力の平和的利用」とは、原発はもちろんのこと、医療現場や産業での利用・研究を全て含めたものです。そして同協定は、「原子力の平和的利用」を日本に義務づけるものではなく、核拡散を防ぐためのものです。条文の全てが、核物質の拡散禁止と、その実効性の確保に関することです。「原子力の平和的利用」ですから、もちろん日本の核武装も禁じています。

万一、日本が核を拡散してしまった時には、同協定は破棄されます。その場合、米国から提供された核物質は返還しなければならないと規定されていますが、「原発から撤退してはならない」等とはどこにも書かれていません。ひたすら核拡散の防止に力を注いでいるのが、同協定の中身なのです。

従って、日米原子力協定の存在は、日本が原発から撤退するための障害とはなりません
し、脱原発運動の障害にもなりません。

本当に日米原子力協定を破棄しないと日本が脱原発できないのであれば、原発の運転差し止め訴訟や原発設置許可取消訴訟において、被告の国や電力会社は鬼の首でも取ったかのように、

「日米原子力協定があるから脱原発してはならないのだ」とか、

「日本は米国に無断で原発から撤退してはならないのだ」

と主張してきてもよさそうなものですが、そのような主張は一度もされたことがありません。関西電力が窮地に追い込まれ、裁判官の忌避まで申し立てた高浜原発三、四号機の運転差し止め仮処分申請の際も、関西電力はそんなことは言いませんでした。

こうした言説が流布する最大の問題は、その嘘を真に受けた市民が、

「そうか、それでは、何をやってもムダなんだ……」

と、無力感に陥り、意気消沈してしまうことです。現に私は、多くの脱原発運動家や市

民から、そのような嘆きを直接聞いています。となれば、放っておけません。「百害あって一利なし」だからです。そこで私は、岩波書店発行の月刊誌「世界」二〇一五年五月号に、以上に述べた内容の論文を寄稿しました。それに対し著者の矢部宏治氏側からは今のところ反論がありません。

原発とテロの問題

前述したように、映画は今も各地で上映されていますが、現在、新たな内容を追加した改訂版を製作しています。追加するシーンとは「原発とテロ」に関するものなどです。

日本の原発とテロの問題を論じる場合には、三つの視点が基本になります。

まずは、外国からの攻撃に晒される危険です。ここでは仮に、北朝鮮（朝鮮民主主義人民共和国）からの攻撃を想定して考えてみましょう。

攻撃の方法は、ミサイルとジェット戦闘機、そして潜水艦によるものが考えられます。

ミサイルの場合、例えば若狭湾に一三基の原発が集中立地する「原発銀座」と北朝鮮のミサイル基地との距離は、約九〇〇キロメートル程度しか離れていません。完全にミサイル（秒速約七〇〇〇メートル）の射程距離（防衛省ホームページによれば約一三〇〇〜六〇〇〇キロメートル）です。そしてミサイルは極めて高速です。防衛省ホームページによれば発射後約七分で着弾してしまいます。あっという間です。

低空を行く巡行ミサイルやレーダーに引っかからない低空飛行可能な戦闘機を使えば、日本の領空内への進入は容易です。かつて日本が行った「神風特攻隊」のような自爆攻撃を仕掛けられる可能性もあります。これを止めるのはなかなか大変なことで、頑丈な殻で覆われていない使用済み核燃料プールを狙《ねら》われたら、ひとたまりもありません。

原発推進派は「ミサイルなら自衛隊の迎撃ミサイルで撃墜しよう」と言うでしょうが、迎撃ミサイルが実戦で使われたことは、アメリカでさえありません。ですから、確実に撃墜できる保証は全くないのです。第一、日本にある全ての原発を迎撃ミサイルで防御することができると本気で考えているのでしょうか。防衛省も迎撃ミサイルでの防御の困難性を認めています。

潜水艦の場合、特に危ないのは、青森県の下北半島に建設中の大間原発でしょう。大間原発は、公海である津軽海峡に面して立地されます。公海として設定されている海域から大間原発までの距離は、わずか八～九キロメートルしかありません。公海を航行中のように見せかけ、大間原発の近くまで来たところで面舵をいっぱいに切れば（右に曲がれば）、あっという間に大間原発です。そこから砲撃されたり、武装兵が乗り込んできたりする恐れがあります。

次に考えられるのが、サイバーテロです。

原発は無数のＩＣとコンピュータで制御されています。これがハッキングされたり、コンピュータウイルスに侵入されたりすると、原発が暴走したり、コントロール不能になったりする恐れがあります。二〇一四年一二月に米国のソニー・ピクチャーズ エンタテインメントが北朝鮮の金正恩《キムジョンウン》第一書記の暗殺を描いた映画をつくったためにサイバー攻撃され、映画の公開をいったん中止したのは記憶に新しいところです。

原発の制御システムはインターネットから独立しているので大丈夫だと思っている人も多いかもしれませんが、それを破る方法はいくらでも考えられます。例えば、中央制御室の掃除を装って、ウイルスを仕込んだＵＳＢメモリを持ち込み、オペレーター（運転員）の隙《すき》を見てコンピュータに差し込む――といった方法です。それだけで、原発が制御不能に陥る恐れがあります。

最後に考えられるのは、武装したテロリストの侵入です。自らの死も覚悟したテロリストが進入してきた時、それを迎え撃つ武力を原発に常備しておく必要があるのです。しかし今の日本の原発にはそのような備えはありません。米国ではＮＲＣ（原子力規制委員会）が約五〇人から成る強力な模擬戦闘部隊を編成し、各原発の武装した防衛部隊（約一五〇人から成る）と模擬戦闘をして防衛能力を検査、強化するということをしています。本気でこういうことをしているのです。ところが日本ではそういうことを全くしておらず、いざという時は警察を呼ぶことになっているだけです。今、安倍政権が進めている「集団的安全保障」というものは、味方の敵は攻撃して良いという論理ですから世界中からいらぬ敵（例えばＩＳ）を招き寄せるものです。ですので、ここに挙げたようなテロに対する備えも、今後は必要不可欠になっていくのです。

国際法上、通常兵器によって他国の核施設を攻撃することは禁じられています（ただし米国、イスラエル等は未加入）。しかしその「国際法」は、テロリストたちには通用しません。彼らは国際法等屁とも思っていないからです。だから何の抑止力にもなりません。通常兵器で原発が攻撃されると放射能が大量に放出されるので核攻撃を受けたのと同じことになります。原発とは、〝自国にのみ向けられた核兵器〟なのです。

自国の安全保障を真摯に考えるなら、原発は自国防衛における最大のアキレス腱であり、弱点であることを無視することはできません。日本の場合、そんなものがまるで〝撃ってくれ〟と言わんばかりに海岸線に並んで建っているのです。

そうした現実を踏まえれば、原発推進派の語る、

「原発を持っていることが、中国に対する潜在的な抑止力になっている。いざとなったら、半年か一年で核兵器をつくる能力があるということが、核抑止力なんだ」

という言説が、実は何のロジック（論理）にもなっていないということに、簡単に気付くと思います。攻撃するほうはいきなりやってくるわけで、半年前に予告するはずがないからです。

それに、核兵器を本気でつくりたいのなら、そのために必要なプルトニウムは、今後原発を動かさなくてもすでに数百発分ほど日本にあります。

そもそも核兵器を完成するには実験が不可欠です。日本のどこで核実験をするのですか。

また仮に日本が核兵器を持ったら世界中の多くの国やテロ組織が核兵器保有をします。核不拡散の大義名分が崩壊するからです。世界中に核兵器が拡がります。そんなことは想像するだけで恐ろしいことで、あってはならないことです。核兵器開発能力を保持する必要があるので原発を維持すべきだという論がいかに馬鹿げていて、危険な思想かということがお分かりいただけると思います。

さらに、改訂版とは別に、現在、「自然エネルギー」を題材にした映画も製作していいます。原発の問題点については、映画『日本と原発』にすべて盛り込みましたので、今度は、その解決策として自然エネルギーの問題に向き合ってみようと考えました。

『日本と原発』では、原発推進派が主張する論理を一つ残らず論破していくことを主眼としましたが、今取り組んでいる新たな映画も、自然エネルギーの課題とされる点や、原子力推進派から反論されるであろう点を一つ残らず取り上げ、そのすべてが克服可能であることを証明したいと考えています。自然エネルギーの普及を阻む勢力が一切反論できないほど、徹底的に、そして誰が観ても分かりやすい映画にしたいと思っています。

自然エネルギーは安全で、安くて、楽しくて、しかもお金がもうかるということが分かる映画をつくります。「自然エネルギーで経済発展」ということです。

企業は資本の論理で動くのですから、もうかるということが分かればナグレを打って参入してきます。ブレークスルーが起きます。それを引き起こすような映画をつくります。

選挙で候補者に脱原発を問う

「脱原発」のためにできることは、他にもあります。国政選挙で自民党以外の脱原発候補に投票して、民意を無視して原発の再稼働に突き進もうとしている自民党を痛撃することです。

今後、国政選挙の際は、必ず候補者に対して原発再稼働への賛否を直接質問し、確認して下さい。その質問への答えがすなわち、その候補者の公約となるはずです。

原発に賛成する候補者には、映画『日本と原発』で得た知識を基に、論戦を挑んで下さい。そして、論破して下さい。論破できれば、それがあなたの自信と、脱原発への確信につながります。

もし、その候補者が質問への答えを避け、論戦から逃げたら、同じ質問をその候補を支持している人や運動員に向けてして下さい。そして、説得して下さい。ひょっとすると、候補者自身を論破するより、そのほうが、よほど効果があるかもしれません。候補者は、自分の支持者をぞんざいに扱うこと等は決してできないからです。

マスメディアに自分の声を届ける

映画『日本と原発』で理論武装した後、今度はマスメディアに対しても働きかけましょう。読者や視聴者としてマスメディアに郵送で投稿し、いい記事や番組はいっぱい褒め、ダメな記事や番組は徹底的に批判するのです。

あなたが投稿したことを知っているのは、送った先のマスメディアだけです。あなたの活動は、自分が言い出さない限り、身の回りの誰にも悟られることはありません。しかも、たった一人でできます。

マスメディアが発信するニュースをつくっている記者やディレクターたちは、あなたが想像している以上にニュースへの反響を気にしているものなのです。

インターネットのブログや掲示板でいくら書いても、匿名のためマスメディアからは無視されることが多いようです。なので、褒めたり抗議したりする時は、信書をしたため、あなたの名前も明かした上でマスメディアに送ると、より効果的です。

高木仁三郎さんとの出会いで「人生の価値」を知った

新聞の世論調査を見ると、事故から四年過ぎた今も、「脱原発」を望む人が大多数です。選挙等の結果を見ると、大きな声にはつながっていないように見えますが、それでも本心では原発はもう嫌だと思っている人が多いはずです。

しかし、実際にそれを行動として起こす人は少数でしょう。私自身も、当初から脱原発を標榜していたわけではありません。きっかけは、反原発運動の父、高木仁三郎さんとの出会いでした。

私は一九八〇年代後半から一九九〇年代初頭にかけてのいわゆる「バブル経済」時代に、さまざまな大型経済事件を手がけました。カネを持っている強いもの同士が敵と味方に分かれて闘うのですが、相手の弱点を突き、叩き潰して勝つと、お金がドリっと入ってくるわけです。まるでゲームでした。私も弁護士としてこのゲームに関わり、さんざん稼いだのですが、こうした仕事で「人生の価値」を見出せるような満足感は得られません。

そこで私が関わることにしたのが、日中戦争の果てに生じた「中国残留孤児」の救済運動でした。彼らが日本国籍を取ることの手伝いをしたのです。

私自身が旧満州の生まれで、自分も中国残留孤児になっていたかもしれない。だからこそ、この活動には大変やりがいを感じていました。そして三〇年かけて一二五〇人の国籍を取得しました。しかしこれは、全ての人々にとって普遍的な問題ではありません。今も、孤児たちが始めたNPO法人の支援を続けていますが、それ以外にも、やるべきことがあるのではないかと感じていました。

そこで、思いついたのが「環境」の問題でした。

自分たちの子孫に、美しくて安全な環境を残すことが、やはり一番大事なことだと思うに至ったのです。その環境問題の中でも、特に深刻なのが「原発」の問題だろうと思いました。一九九四年、私が五〇歳の頃の話です。

そしてその頃に、私は高木仁三郎さんと出会ったのでした。

高木仁三郎さんは、核化学者であり、かつては原子力ムラ期待のホープであり、その期待を裏切って反原発運動に身を投じてからは、大学を離れ、その後、在野の科学者として生涯を全うしました。ＮＰＯ法人「原子力資料情報室」の創設者でもあります。

その高木さんに対して、経済的に支援をしたいと申し出た、私の依頼者がいました。ある中小企業の経営者で成功を収めていた人物です。仮にＡさんとしましょう。

そのＡさんは若い頃、学生運動で高木さんと対立する立場にいたそうですが、高木さんのことだけは大変尊敬していました。そして私に対して、

「高木さんの反原発運動を支援したいんだけど、直接顔を合わせるのは嫌だから、河合さんがお金を渡してきてくれ」

と、数百万円ずつ持ってきて、その合計額はついに二〇〇〇万円にもなったのです。

私はお金を預かるたびに、高木さんのところに持っていったわけですが、そのうち高木さんから、

「Ａさんとか言っているけど、実はそれ、河合さんのお金じゃないの？」

と言われてしまいます。本当にそうではなかったのですが、

〝この人の思想と行動は本物だ。人の心を美しくする人だ〟

と、会うたびに私は、高木さんに引き寄せられていきました。そして、私は高木さんの弟子入りを志願したのです。私は、高木さんが主宰する原子力資料情報室に入れてもらうことになりました。

その時、高木さんは、

「もちろんいいよ。ああ、また一人、苦しい闘いに引き込んじゃったなあ……」

と、ポツリと言いました。私は、まだロクに闘ってもいないのに、

「いや、いずれ必ず勝つんだから、楽しいですよ。楽しい闘いですよ」

と、偉そうに言った覚えがあります。

その三年後、高木さんはがんで亡くなりました。付き合いは短かったにもかかわらず、高木さんは私のことを信頼してくれて、彼から遺言を託されます。それは、市民の側に立ち、市民に役立つ科学者を育てるための「高木仁三郎市民科学基金」の創設でした。日比谷公会堂で行われた高木さんを偲《しの》ぶ会で私は、満員の参加者に呼びかけました。「高木基金をつくるから、皆さんポケットに入っているお金を全部置いていってくれ」と。何とその場で二七〇〇万円が集まり、高木さんの遺産と合わせて五〇〇〇万円にもなったのです。

そして今、私は高木さんの遺志を日本の若い世代に引き継ぐべく、同基金の代表理事と、原子力資料情報室の理事を務めています。多くの市民科学者たちが、高木仁三郎基金のサポートを受けて今日も活動を続けています。

高木さんとの出会いで、脱原発運動に深く関わることになったわけですが、読者の方々も、実際に行動を起こすきっかけが身近にあるかもしれません。私が製作した映画がきっかけとなって、自分も何か行動を起こしたいという人々にも出会います。こうして脱原発の声が今よりもっと大きくなっていくことに期待しています。

本気でしていると誰かが助けてくれる

私には常に心に刻んでいる言葉があります。

「本気ですれば大抵のことができる　本気ですれば何でもおもしろい　本気でしていると誰かが助けてくれる」

これは私が若い頃訪ねた長野の安楽寺に掲げられている言葉ですが、私は逆境に立たされた時、いつもこれを思い出して自分を奮起させていました。

高木さんがお亡くなりになる二ヵ月ほど前、私は闘病中の彼にこの言葉を贈りました。高木さんは当時、がんと闘いながらも、精力的に講演活動を行っておられました。最後の力を振り絞り、どうしても伝えたいことを、次の世代に遺さなければという一心で、病を押して演台に立たれていたのだと思います。その講演の中で、高木さんがこの言葉を引用されているのを聴きました。その言葉の書かれた額は今も高木さんの最後の憩いの別荘「かまねこ庵」に掲げられています。

高木さんご自身、全身全霊をかけて、「本気」で原子力の危険性を世に訴えてきた方です。そして高木さんの「本気」に私は心を打たれ、彼を師と仰ぐようになったのです。

高木さんの遺志を引き継ぎ、仲間たちとともに「本気」で取り組んだからこそ、困難を極めた大飯原発や高浜原発の訴訟でも勝利を収めることができたと思っています。そして、やればやるほど手ごたえを感じ、「おもしろい」と思うようになり、のめり込んでいきました。その過程では、何度も障壁にぶつかり、追い詰められる場面もありましたが、その度にいつも誰かが登場して「助けて」くれたのです。

映画の製作においても、監督を引き受けてくれる人がおらず、暗礁に乗り上げた時、周囲の人々が「助けて」くれたからこそ、完成させることができました。

ですから、「はじめに」でも申し上げた通り、「日本から原発をなくすことはできないのではないか」と諦める必要はありません。

本気ですれば、必ず前に進むことができます。

私はこれからも、そのことを自らの行動をもって示し続けたいと思います。

脱原発への戦略

政府、電力会社ら原子力ムラの戦略は、一点突破、全面展開です。まず川内原発で穴をあけ、そのあと伊方、高浜……と加圧水型を再稼働させ、次に沸騰水型を順次、と考えているのです。ただし、さすがの原子力ムラも、全部を再稼働させられるとは思っていないでしょう。効率が良くて、寿命がまだ長いものをなるべく多く再稼働させるというのが原子力ムラの戦略だと思います。

それに対して、我々の戦略はどうあるべきか。以下のようなものです。

それぞれの原発の再稼働を一つひとつ止めていく。たとえ一基（例えば川内原発）が動いても、気落ちして闘いをやめてはいけません。次の二基目、三基目の再稼働を止めるのです。また、いったん再稼働してしまったものについても差し止めの圧力をかけ続けるのです。その手段として、差し止めの仮処分申請、本訴のスピードアップ等の裁判手続き、デモ、集会、地元首長や代議士への圧力、メディアへの働きかけなど、あらゆる方法を考えるべきです。

私たちの反原発・脱原発の闘いは、結局、敗北したのだという人がいます。しかし、それは間違いです。私たちが全力を尽くして闘ってきたからこそ、五四基で済んでいるのです。もし私たちが闘っていなかったら、原子力ムラは野放図に原発を建設し、たぶん一〇〇基くらいまでいっている（現にそのような計画がありました）と思います。また電力会社の怠慢で、もっと多くの事故が発生していたと思います。それを私たちが押しとどめてきたのです。私たちは闘うこと自体によって、日々、勝利していたのです。

これからもそうです。私たちが闘って、原子力ムラに圧力をかければかけるほど再稼働が遅れ、再稼働する基数が減るのです。

そうやって再稼働全体を最小限に抑え込みつつ、脱原発の世論をより強固なものにし、政治を変えていくのです。そうやって時間稼ぎをしながら、エネルギーの転換すなわち自然エネルギーへの全面転換に持っていくのです。

自然エネルギーは安全で（重大事故がない）、環境に良くて（CO_2を出さない）、安くて（燃料はタダ）、労働吸収力が高くて、確実に大きな経済的利益が上がるのです。「もうかる」のです。繰り返しますが、もうかることが分かれば、企業は資本の論理で動くのですから必ず参入してきます。堰《せき》を切ったように、放っておいても参入してきます。その「ブレークスルー」の時は近いと思います。

自然エネルギーのほうが絶対にもうかると分かれば、電力会社は放っておいても原発をやめます。その時まで私たちは闘いを続け、原発再稼働の基数を抑え込むとともに、絶対に事故を起こさないように電力会社を緊張させていかなければなりません。

「再稼働反対の運動を継続・強化しながら、自然エネルギー産業の早期のブレークスルーを呼び込む」

これが私たちの戦略であるべきです。

世界的に見れば自然エネルギーのブレークスルーはもう始まっています。ドイツの大手電機メーカー、シーメンスは原子力部門を切り離し、自然エネルギーに特化していくことを宣言しました。他方、原子力最大企業のアレバ（フランス）は倒産寸前です。原子力最重点の方針をとった東芝は約八〇〇〇億円でウェスチングハウス（原発会社）を買収したのに利益が出ず、他部門で利益の架空計上をして大変なことになっています。原発事業はもうからないうえにリスクが大きすぎるというのは世界の常識になっています。そして世界の自然エネルギーの設備容量は原発のそれをはるかに超え、発電量においても原発の約二倍になっているのです。

日本でのブレークスルーも数年のうちにくると思います。それまでの辛抱です。それまでの間、再稼働をなるべく抑え、事故を起こさせないようにし、自然エネルギー促進運動をするのです。

おわりに

本書のタイトル『原発訴訟が社会を変える』をご覧になって、読者の皆さんはどのような印象を抱かれたでしょうか。

二〇一四年五月に大飯原発の運転差し止め判決、続く二〇一五年四月に高浜原発でも同様の判決が出て、原発訴訟に大きな期待を抱く人々が増えたと実感しています。そこでこのタイトルに共感して、本書を手に取って下さった方もいらっしゃるでしょう。

一方で、「原発訴訟だけで社会が変わるはずがない」と思われる方もおられると思います。それは当然です。

第五章の「脱原発への戦略」でも述べたように、日本を原発のない社会に変えるための闘いは全面的総力戦なのです。裁判闘争はその重要な一部というにすぎません。

原発事故を目の当たりにして、国民全体が原発の危険性に改めて気付いたと思います。

それは、程度の差こそあれ、裁判官も、原子力ムラの人々も同じでしょう。本書でも述べましたが、福島第一原発事故を受けて国民が変わり、その世論を受けて、裁判官が変わった。だからこそ、大飯原発と高浜原発で画期的判決を勝ち取ることができたのです。世論は、想像以上に大きな力を持っています。繰り返しますが、私は監督した映画『日本と原発』の最後に、こう記しました。

原発の危険性に目をつぶってのすべての営みは、砂上の楼閣と言えるし、無責任とも言える。

そのことに国民は気が付いてしまった。

問題は、そこでどういう行動をとるかだと思う。

実際に、日本から全ての原発をなくすには、皆さん一人ひとりの行動が重要です。それらの行動が一つの大きなうねりとなって、原発訴訟にも大きな影響を与え、結果として、社会が変わっていくのです。

ですから、どうか諦めずに、「もう原発はいらない！」と声を上げ続けて下さい。何かをして下さい。

「問題は、そこでどういう行動をとるかだと思う」という私の問題提起に対して反応してくれた編集者がいました。集英社新書編集部の細川綾子さんです。細川さんは「映画の最後のこの言葉を見て感動しました。それで何ができるかを考えました。私は本の編集者だ。それなら脱原発を推し進める本、『日本と原発』をもっと浸透させる本をつくろうと思い立ちました。河合さん、そんな本を出しましょうよ」と言ってくれたのです。私は快諾し、その結果、生まれたのがこの本なのです。細川さんの申し出がなければ、本書は生まれませんでした。

最後になりましたが、「脱原発」の闘いをともに闘ってくれている全ての皆さんに感謝致します。特に、原発訴訟はもちろん、映画製作や本書の刊行においても強力なサポートをしてくれた海渡雄一弁護士（この人がいないと私は活動できません）、さらに映画の監督補として脚本や技術的協力を惜しまず尽力してくれた拝身風太郎さん（この人の技術・能力・誠意がなければ映画はできませんでした）、映画だけでなく東電株主代表訴訟でもともに闘っている木村結さんには心から感謝したいと思います。

河合弘之（かわい　ひろゆき）

一九四四年旧満州生まれ。弁護士。一九六八年東京大学法学部卒業。一九七〇年弁護士開業。さくら共同法律事務所所長。脱原発弁護団全国連絡会共同代表。福島原発告訴団弁護団代表、大飯・高浜原発差止仮処分弁護団共同代表、浜岡原発差止訴訟弁護団団長など、原発訴訟を多く手がける。二〇一四年、初監督映画『日本と原発』公開。

集英社新書〇八〇二B

原発訴訟《げんぱつそしょう》が社会《しゃかい》を変《か》える

二〇一五年九月二二日　第一刷発行
二〇一七年八月　六　日　第二刷発行

著者……河合弘之《かわいひろゆき》
発行者……茨木政彦
発行所……株式会社集英社
東京都千代田区一ツ橋一-五-一〇　郵便番号一〇一-八〇五〇
電話　〇三-三二三〇-六三九一（編集部）
〇三-三二三〇-六〇八〇（読者係）
〇三-三二三〇-六三九三（販売部）書店専用

装幀……原　研哉
印刷所……凸版印刷株式会社
製本所……加藤製本株式会社

定価はカバーに表示してあります。

ISBN 978-4-08-720802-3 C0232

集英社新書　好評既刊

政治・経済——A

- イスラムの怒り　内藤正典
- 中国の異民族支配　横山宏章
- リーダーは半歩前を歩け　姜尚中
- 邱永漢の「予見力」　玉村豊男
- 「独裁者」との交渉術　明石康
- 著作権の世紀　福井健策
- メジャーリーグ　なぜ「儲かる」　岡田功
- 「10年不況」脱却のシナリオ　斎藤精一郎
- ルポ　戦場出稼ぎ労働者　安田純平
- 二酸化炭素温暖化説の崩壊　広瀬隆
- 「戦地」に生きる人々　日本ビジュアル・ジャーナリスト協会編
- 超マクロ展望　世界経済の真実　水野和夫　萱野稔人
- TPP亡国論　中野剛志
- 日本の1/2革命　池上彰　佐藤賢一
- 中東民衆革命の真実　田原牧
- 「原発」国民投票　今井一
- 文化のための追及権　小川明子
- グローバル恐慌の真相　中野剛志　柴山桂太
- 帝国ホテルの流儀　犬丸一郎
- 中国経済　あやうい本質　浜矩子
- 静かなる大恐慌　柴山桂太
- 闘う区長　保坂展人
- 対論！　日本と中国の領土問題　横山宏章　王雲海
- 戦争の条件　藤原帰一
- 金融緩和の罠　藻谷浩介　河野龍太郎　小野善康　萱野稔人
- バブルの死角　日本人が損するカラクリ　岩本沙弓
- TPP黒い条約　中野剛志・編
- はじめての憲法教室　水島朝穂
- 成長から成熟へ　天野祐吉
- 資本主義の終焉と歴史の危機　水野和夫
- 上野千鶴子の選憲論　上野千鶴子
- 安倍官邸と新聞「二極化する報道」の危機　徳山喜雄
- 世界を戦争に導くグローバリズム　中野剛志

a pilot of wisdom

誰が「知」を独占するのか　福井健策
儲かる農業論　エネルギー兼業農家のすすめ　金子勝／武本俊彦
国家と秘密　隠される公文書　久保亨／瀬畑源
秘密保護法―社会はどう変わるのか　宇都宮健児／堀敏明／足立昌勝／林克明
沈みゆく大国　アメリカ　堤未果
亡国の集団的自衛権　柳澤協二
資本主義の克服　「共有論」で社会を変える　金子勝
沈みゆく大国　アメリカ〈逃げ切れ！　日本の医療〉　堤未果
「朝日新聞」問題　徳山喜雄
丸山眞男と田中角栄　「戦後民主主義」の逆襲　佐高信／早野透
英語化は愚民化　日本の国力が地に落ちる　施光恒
宇沢弘文のメッセージ　大塚信一
経済的徴兵制　布施祐仁
国家戦略特区の正体　外資に売られる日本　郭洋春
愛国と信仰の構造　全体主義はよみがえるのか　中島岳志／島薗進
イスラームとの講和　文明の共存をめざして　内藤正典／中田考
「憲法改正」の真実　樋口陽一／小林節

世界を動かす巨人たち〈政治家編〉　池上彰
安倍官邸とテレビ　砂川浩慶
普天間・辺野古　歪められた二〇年　宮城大蔵／渡辺豪
イランの野望　浮上する「シーア派大国」　鵜塚健
自民党と創価学会　佐高信
世界「最終」戦争論　近代の終焉を超えて　内田樹／姜尚中
日本会議　戦前回帰への情念　山崎雅弘
不平等をめぐる戦争　グローバル税制は可能か？　上村雄彦
中央銀行は持ちこたえられるか　河村小百合
近代天皇論　――「神聖」か、「象徴」か　片山杜秀／島薗進
地方議会を再生する　相川俊英
ビッグデータの支配とプライバシー危機　宮下紘
スノーデン　日本への警告　エドワード・スノーデン／青木理　ほか
閉じてゆく帝国と逆説の21世紀経済　水野和夫
新・日米安保論　柳澤協二／伊勢崎賢治／加藤朗
グローバリズム　その先の悲劇に備えよ　中野剛志／柴山桂太
世界を動かす巨人たち〈経済人編〉　池上彰

a pilot of wisdom

スポーツの品格	桑田真澄 佐山和夫
ザ・タイガース 世界はボクらを待っていた	磯前順一
ミツバチ大量死は警告する	岡田幹治
本当に役に立つ「汚染地図」	沢野伸浩
「闇学」入門	中野 純
100年後の人々へ	小出裕章
リニア新幹線 巨大プロジェクトの「真実」	橋山禮治郎
人間って何ですか？	夢枕 獏 ほか
東アジアの危機「本と新聞の大学」講義録	一色 清 姜尚中 ほか
不敵のジャーナリスト 筑紫哲也の流儀と思想	佐高 信
騒乱、混乱、波乱！ ありえない中国	小林史憲
なぜか結果を出す人の理由	野村克也
イスラム戦争 中東崩壊と欧米の敗北	内藤正典
刑務所改革 社会的コストの視点から	沢登文治
沖縄の米軍基地「県外移設」を考える	高橋哲哉
日本の大問題「10年後を考える」――「本と新聞の大学」講義録	一色 清 姜尚中 ほか
原発訴訟が社会を変える	河合弘之
奇跡の村 地方は「人」で再生する	相川俊英
日本の犬猫は幸せか 動物保護施設アークの25年	エリザベス・オリバー
おとなの始末	落合恵子
性のタブーのない日本	橋本 治
ジャーナリストはなぜ「戦場」へ行くのか ――取材現場からの自己検証	危険地報道を考えるジャーナリストの会・編
医療再生 日本とアメリカの現場から	大木隆生
ブームをつくる 人がみずから動く仕組み	殿村美樹
「18歳選挙権」で社会はどう変わるか	林 大介
3・11後の叛乱 反原連・しばき隊・SEALDs	笠井 潔 野間易通
「戦後80年」はあるのか ――「本と新聞の大学」講義録	一色 清 姜尚中 ほか
非モテの品格 男にとって「弱さ」とは何か	杉田俊介
「イスラム国」はテロの元凶ではない グローバル・ジハードという幻想	川上泰徳
日本人 失格	田村 淳
たとえ世界が終わっても その先の日本を生きる君たちへ	橋本 治
あなたの隣の放射能汚染ゴミ	まさのあつこ
マンションは日本人を幸せにするか	榊 淳司
人間の居場所	田原 牧

哲学・思想——C

- 悪魔のささやき　加賀乙彦
- 「狂い」のすすめ　ひろさちや
- 偶然のチカラ　植島啓司
- 日本の行く道　橋本 治
- 新個人主義のすすめ　林 望
- イカの哲学　中沢新一 波多野一郎
- 「世逃げ」のすすめ　ひろさちや
- 悩む力　姜 尚中
- 夫婦の格式　橋田壽賀子
- 神と仏の風景「こころの道」　廣川勝美
- 無の道を生きる——禅の辻説法　有馬頼底
- 新左翼とロスジェネ　鈴木英生
- 虚人のすすめ　康 芳夫
- 自由をつくる 自在に生きる　森 博嗣
- 不幸な国の幸福論　加賀乙彦
- 創るセンス 工作の思考　森 博嗣
- 天皇とアメリカ　吉見俊哉 テッサ・モーリス-スズキ
- 努力しない生き方　桜井章一
- いい人ぶらずに生きてみよう　千 玄室
- 不幸になる生き方　勝間和代
- 生きるチカラ　植島啓司
- 必生《ひっせい》 闘う仏教　佐々井秀嶺
- 韓国人の作法　金 栄勲
- 強く生きるために読む古典　岡 敦
- 自分探しと楽しさについて　森 博嗣
- 人生はうしろ向きに　南條竹則
- 日本の大転換　中沢新一
- 実存と構造　三田誠広
- 空《くう》の智慧、科学のこころ　茂木健一郎 ダライ・ラマ十四世
- 小さな「悟り」を積み重ねる　アルボムッレ・スマナサーラ
- 科学と宗教と死　加賀乙彦
- 犠牲のシステム 福島・沖縄　高橋哲哉
- 気の持ちようの幸福論　小島慶子

a pilot of wisdom

日本の聖地ベスト100　植島啓司
続・悩む力　姜尚中
心を癒す言葉の花束　アルフォンス・デーケン
自分を抱きしめてあげたい日に　落合恵子
その未来はどうなの?　橋本治
荒天の武学　内田樹／光岡英稔
武術と医術 人を活かすメソッド　甲野善紀／小池弘人
不安が力になる　ジョン・キム
冷泉家 八〇〇年の「守る力」　冷泉貴実子
世界と闘う「読書術」 思想を鍛える一〇〇〇冊　佐高信／佐藤優
心の力　姜尚中
一神教と国家 イスラーム、キリスト教、ユダヤ教　内田樹／中田考
伝える極意　長井鞠子
それでも僕は前を向く　大橋巨泉
体を使って心をおさめる 修験道入門　田中利典
百歳の力　篠田桃紅
釈迦とイエス 真理は一つ　三田誠広

ブッダをたずねて 仏教二五〇〇年の歴史　立川武蔵
「おっぱい」は好きなだけ吸うがいい　加島祥造
イスラーム 生と死と聖戦　中田考
アウトサイダーの幸福論　ロバート・ハリス
進みながら強くなる ——欲望道徳論　鹿島茂
科学の危機　金森修
出家的人生のすすめ　佐々木閑
科学者は戦争で何をしたか　益川敏英
悪の力　姜尚中
生存教室 ディストピアを生き抜くために　内田樹／光岡英稔
ルバイヤートの謎 ペルシア詩が誘う考古の世界　金子民雄
感情で釣られる人々 なぜ理性は負け続けるのか　堀内進之介
永六輔の伝言 僕が愛した「芸と反骨」　矢崎泰久・編
淡々と生きる 100歳プロゴルファーの人生哲学　内田棟
若者よ、猛省しなさい　下重暁子
イスラーム入門 文明の共存を考えるための99の扉　中田考
ダメなときほど「言葉」を磨こう　萩本欽一